Modellierung der Schleifkraft beim Kegelradschleifen

Modeling of the Grinding Force in Bevel Gear Grinding

Von der Fakultät für Maschinenwesen
der Rheinisch-Westfälischen Technischen Hochschule Aachen
zur Erlangung des akademischen Grades einer
Doktorin der Ingenieurwissenschaften
genehmigte Dissertation

vorgelegt von

Mareike Solf

Berichter/in:

Univ.-Prof. Dr.-Ing. Thomas Bergs
Univ.-Prof. Dr.-Ing. Christian Brecher

Tag der mündlichen Prüfung: 29. Juni 2022

ERGEBNISSE AUS DER PRODUKTIONSTECHNIK

Mareike Solf

Modellierung der Schleifkraft beim Kegelradschleifen

Herausgeber:
Prof. Dr.-Ing. T. Bergs
Prof. Dr.-Ing. Dipl.-Wirt. Ing. G. Schuh
Prof. Dr.-Ing. C. Brecher
Prof. Dr.-Ing. R. H. Schmitt

Band 32/2022

Bibliografische Information der Deutschen Nationalbibliothek
Die Deutsche Nationalbibliothek verzeichnet diese Publikation in der Deutschen Nationalbibliografie; detaillierte bibliografische Daten sind im Internet über https://portal.dnb.de abrufbar.

Mareike Solf:

Modellierung der Schleifkraft beim Kegelradschleifen

1. Auflage, 2022

Gedruckt auf holz- und säurefreiem Papier, 100% chlorfrei gebleicht.

Apprimus Verlag, Aachen, 2022
Wissenschaftsverlag des Instituts für Industriekommunikation und Fachmedien an der RWTH Aachen
Steinbachstr. 25, 52074 Aachen
Internet: www.apprimus-verlag.de, E-Mail: info@apprimus-verlag.de

Druck: CPI Druckdienstleistungen GmbH, Ferdinand-Jühlke-Straße 7 I 99095 Erfurt

ISBN 978-3-98555-106-4

D 82 (Diss. RWTH Aachen University, 2022)

Vorwort

Preface

Die vorliegende Dissertation entstand während meiner Tätigkeit als wissenschaftliche Mitarbeiterin im Forschungsbereich Getriebetechnik am Lehrstuhl für Technologie der Fertigungsverfahren am Werkzeugmaschinenlabor (WZL) der RWTH Aachen.

Für die Unterstützung bei meiner Arbeit und der Erstellung meiner Dissertation möchte ich mich insbesondere bei Herrn Prof. Dr.-Ing. Thomas Bergs, Leiter des Lehrstuhls für Technologie der Fertigungsverfahren, bedanken. Ebenso gilt mein Dank Herrn Prof. Dr.-Ing. Christian Brecher, Leiter des Lehrstuhls für Werkzeugmaschinen, für die Übernahme des Koreferats und die Diskussion meiner Arbeit. Darüber hinaus danke ich Herrn Prof. Dr. rer. nat. Wolfgang Schulz, Leiter des Lehr- und Forschungsgebiets der Nichtlinearen Dynamik der Laser-Fertigungsverfahren, sowie Herrn Prof. Dr.-Ing. Jochen Büchs, Leiter des Lehrstuhls für Bioverfahrenstechnik, für die Übernahme des Prüfungsvorsitzes und des Prüfungsbeisitzes.

Die in der vorliegenden Dissertation vorgestellten Arbeiten basieren im Wesentlichen auf Ergebnissen aus dem Forschungsvorhaben DFG KL500/187-1 (Projektnummer 386689474), das von der Deutschen Forschungsgemeinschaft gefördert wurde. Für die finanzielle Unterstützung möchte ich mich an dieser Stelle bedanken. Darüber hinaus danke ich den Projektpartnern Scania CV AB, namentlich Frau Julia Gerth, Herrn Harald Nyberg und Herrn Simon Boström-Leijon, sowie der Saint-Gobain Abrasives GmbH, namentlich Frau Amandine Martin, sehr herzlich für die Unterstützung der Durchführung und Auswertung der Untersuchungen und die kontinuierliche Diskussion der Ergebnisse.

Bedanken möchte ich mich auch für die Unterstützung der gesamten Abteilung Getriebetechnik, die neben dem fachlichen Austausch durch die kollegiale Atmosphäre arbeitsintensive Zeiten erleichtert und maßgeblich zum Gelingen meiner Arbeit beigetragen hat. Besonders wertvoll war für mich dabei ich die regelmäßige Diskussion mit der Gruppe für Getriebehartbearbeitung sowie dem ehemaligen Oberingenieur der Getriebeabteilung Herrn Dr.-Ing. Christoph Löpenhaus und seinem Nachfolger Herrn Dr.-Ing. Jens Brimmers. Darüber hinaus danke ich Herrn Dr.-Ing. Rolf Schalaster, der durch seine Expertise und sein konstruktives Feedback sehr zu meiner Arbeit beigetragen hat. Einen großen Beitrag zu meiner Arbeit geleistet haben zudem meine ehemaligen studentischen Hilfskräfte Frau Babette Schalley und Herr Pavlo Shvetsov, bei denen ich mich ebenfalls sehr herzlich bedanken möchte.

Besonders dankbar bin ich meiner Familie und meinen Freunden, vor allem meinen Eltern. Ohne ihre Unterstützung und Ermutigung in allen Lebenslagen wäre mein Werdegang in dieser Form nicht möglich gewesen. Mein letzter und größter Dank gilt meinem Partner Marco. Seine Ruhe und sein Rückhalt haben meine persönliche und berufliche Weiterentwicklung maßgeblich geprägt.

Aachen, im Juli 2022

Kurzzusammenfassung

Das Kegelradschleifen ist ein etablierter Prozess zur Fertigung hochgenauer Kegelradverzahnungen. Eine wissensbasierte Auslegung von Schleifprozessen kann mithilfe der Schleifkraft erfolgen, da diese eine direkte Korrelation mit der mechanischen und thermischen Belastung von Werkstück und Werkzeug aufweist. Bislang existierte jedoch kein Modell, um die Schleifkraft beim Kegelradschleifen vorherzusagen. Das Ziel dieser Arbeit war daher die Entwicklung eines Modells zur Vorhersage der Schleifkraft beim Kegelradschleifen.

Die Modellierung der Schleifkraft erfolgt in der Regel basierend auf den Kontaktbedingungen zwischen Werkzeug und Werkstück. Daher wurde im Rahmen der vorliegenden Arbeit ein numerisches Simulationsmodell des Kegelradschleifprozesses entwickelt. Dieses Simulationsmodell kann verwendet werden, um die Spanungskenngrößen beim Kegelradschleifen lokal und zeitlich aufgelöst zu berechnen. Es wurde jedoch festgestellt, dass die Schleifkraft beim Tauchschleifen von Kegelrädern nicht proportional zum theoretischen Zeitspanungsvolumen ist. Diese Diskrepanz wurde darauf zurückgeführt, dass sich aufgrund der Nachgiebigkeit des Gesamtsystems kein stationärer Zustand einstellen kann. Da diese Erschwernis nur beim Tauchschleifen und nicht beim Wälzschleifen festgestellt wurde, wurde der Fokus in dieser Arbeit auf die Modellierung der Schleifkraft beim Tauchschleifen von Kegelrädern gelegt. Dazu sollte systematisch untersucht werden, wie sich die Prozessparameter, die Kontaktbedingungen und die Nachgiebigkeit auf die Schleifkraft im Prozess auswirken.

Aufgrund der komplexen Kontaktbedingungen und der Schwierigkeiten bei der lokalen und zeitlich aufgelösten Messung der Schleifkraft beim Kegelradschleifen wurde ein Analogieversuch für das Tauchschleifen von Kegelrädern abgeleitet. Mithilfe des Analogieversuchs wurde ermittelt, wie sich die Prozessparameter auf den Schleifkraftverlauf auswirken. Darüber hinaus wurde die Nachgiebigkeit des Analogieversuchsaufbaus bestimmt. Basierend auf den Kraftmessungen und der ermittelten Nachgiebigkeit wurde ein Modell für die Schleifkraft im Analogieversuch abgeleitet.

Im letzten Teil der Untersuchungen wurde das entwickelte Schleifkraftmodell auf das Tauchschleifen von Kegelrädern übertragen. Das Kraftmodell wurde ebenfalls in das numerische Simulationsmodell des Kegelradschleifprozesses integriert. Auf diese Weise wurde eine lokal und zeitlich aufgelöste Vorhersage der Schleifkraft unter Berücksichtigung der Prozesskinematik ermöglicht. Anschließend wurde überprüft, ob das Schleifkraftmodell für verschiedene Prozessparameter gültig ist. Es konnte dabei gezeigt werden, dass das abgeleitete Kraftmodell den Verlauf der Schleifkraft für verschiedene Schnittgeschwindigkeiten und Tauchvorschubgeschwindigkeiten mit guter Genauigkeit vorhersagen kann.

Abstract

Bevel gear grinding is an established process for the production of high-precision bevel gears. A knowledge-based design of grinding processes can be performed based on the grinding force, since the grinding force has a direct correlation with the mechanical and thermal load on the workpiece and tool. Until now, however, no model existed to predict the grinding force in bevel gear grinding. Therefore, the objective of this work was to develop a model to predict the grinding force in bevel gear grinding.

Modeling of the grinding force is usually based on the contact conditions between tool and workpiece. Therefore, a numerical process model was developed in the present work. This process model can be used to calculate the chip parameters in bevel gear grinding locally and temporally resolved. However, it was found that the grinding force in plunge grinding of bevel gears is not proportional to the theoretical material removal rate. This discrepancy was attributed to the fact that a steady-state condition cannot be established due to the influence of the system elasticity. Since this difficulty was only found in plunge grinding and not in generating grinding, the focus of this work was placed on the modeling of the grinding force in plunge grinding of bevel gears. The aim was to investigate systematically how the process parameters, contact conditions and elasticity affect the grinding force in the process.

Due to the complex contact conditions and the difficulties in the locally and temporally resolved measurement of the grinding force in bevel gear grinding, an analogy trial for the plunge grinding of bevel gears was derived. The analogy trial was used to determine how the process parameters affect the course of the grinding force. In addition, the stiffness of the analogy trial setup was determined. Based on the force measurements and the determined stiffness, a model for the grinding force in the analogy trial was derived.

In the final part of the investigations, the developed grinding force model was transferred to the plunge grinding of bevel gears. The force model was also integrated into the numerical process model of bevel gear grinding. In this way, a locally and temporally resolved prediction of the grinding force taking into account the process kinematics and parameters was enabled. Subsequently, it was verified whether the grinding force model is valid for different process parameters. It was shown that the derived grinding force model can predict the course of the grinding force for different cutting speeds and plunge feed rates with good accuracy.

I. Inhaltsverzeichnis

Content

II. Formelzeichen und Abkürzungsverzeichnis

Formula Symbols and Abbreviations

Lateinische Formelzeichen

A_{cu}	mm^2	Spanungsquerschnitt
$\overline{A_{cu}}$	mm^2	Mittlerer Spanungsquerschnitt
$A_{cu,max}$	mm^2	Maximaler Spanungsquerschnitt
A_z	mm^2	Fläche einer Zahnflanke
A_k	mm^2	Kontaktfläche
a_e	mm	Zustellung (bei konventionellen Schleifprozessen)
a_{ed}	mm	Abrichtzustellung
a_R	mm	Radiales Aufmaß
b	mm	Werkstückbreite
b_2	mm	Zahnbreite Tellerrad
b_c	mm	Eingriffsbreite
b_p	mm	Profilbreite
b_t	mm	Zahnbreite in Bogenlänge
C_1	$1/mm^3$	Statische Schneidendichte
C_C	%	Kohlenstoffgehalt
C_{Cr}	%	Chromgehalt
C_{Mn}	%	Mangangehalt
C_{Ni}	%	Nickelgehalt
C_s	variabel	Faktor Schleifscheibeneinfluss
C_{wst}	variabel	Faktor Werkstückeinfluss
D	µm	Mittlerer Diamantkorndurchmesser
d	mm	Teilkreisdurchmesser
d_0	mm	Normdurchmesser (1 mm)
d_{a1}	mm	Außendurchmesser Ritzel
d_{a2}	mm	Außendurchmesser Tellerrad
d_{eq}	mm	Äquivalenter Schleifscheibendurchmesser
d_k	mm	Krümmungsdurchmesser
d_s	mm	Schleifscheibendurchmesser

d_{wst}	mm	Werkstückdurchmesser
E	-	Exzenterfaktor
E*	N/mm²	Elastizitätskennwert
E_s	N/mm²	Elastizitätsmodul der Schleifscheibe
E_{wst}	N/mm²	Elastizitätsmodul des Stahlwerkstücks
$e_{1/2/3}$	-	Exponentialfaktor
e_w	-	Exponentialfaktor
e_x	mm	Exzentrizität
$e_{\tau n}$	-	Exponentialfaktor
F_a	N	Axialkraft
F_c	N	Schnittkraft
F_f	N	Vorschubkraft
F_n	N	Normalkraft
F'_n	N/mm	Eingriffsbreitenbezogene Normalkraft
F''_n	N/mm²	Kontaktflächenbezogene Normalkraft
$F''_{n,0}$	N/mm²	Kontaktflächenbezogene Normalkraft zu Beginn
$F_{n,m}$	N	Mittlere Normalkraft
$F''_{n,m}$	N/mm²	Mittlere kontaktflächenbezogene Normalkraft
$F''_{n,max}$	N/mm²	Maximale kontaktflächenbezogene Normalkraft
$F_{n,stat}$	N	Stationäre Normalkraft
$F'_{n,stat}$	N/mm	Eingriffsbreitenbezogene stationäre Normalkraft
$F''_{n,stat}$	N/mm²	Kontaktflächenbezogene stationäre Normalkraft
F_{res}	N	Resultierende Kraft in xy-Ebene des Dynamometers
$F_{res\perp}$	N	Anteil von F_{res} senkrecht zu Mittelachsen
F_t	N	Tangentialkraft
$F_{t,m}$	N	Mittlere Tangentialkraft
F_x	N	Gemessene Kraftkomponente in x-Richtung
F_y	N	Gemessene Kraftkomponente in y-Richtung
F_z	N	Gemessene Kraftkomponente in z-Richtung
G'_a	mm²/N	Spezifische Kontaktnachgiebigkeit
G_M	mm/N	Nachgiebigkeit der Maschine
G'_{sw}	mm²/N	Spezifischer Schleifscheibenverschleiß

h_{cu}	mm	Spanungsdicke
$h_{cu,eff}$	mm	Effektive Spanungsdicke
$h_{cu,max}$	mm	Maximale Spanungsdicke
h_{eq}	mm	Äquivalente Spanungsdicke
h_m	mm	Mittlere Zahnhöhe
$K_{1/2/3}$	-	Proportionalitätsfaktor
K_s	-	Schneidenformfaktor
k	N/mm²	Spezifische Schnittkraft
k_0	N·s/mm³	Proportionalitätsfaktor
k_1	N/mm	Faktor Schneidfreudigkeit
k_2	-	Faktor Werkzeugdeformation
k_3	-	Faktor Temperatur/KSS
k_a	N/mm	Kontaktsteifigkeit
k_e	N/mm	Gesamtsystemsteifigkeit
k_m	N/mm	Maschinensteifigkeit
k^*_m	N/mm	Differenzielle Maschinensteifigkeit
k_{ss}	N/mm	Schleifspindelsteifigkeit
k_{ws}	N/mm	Werkstückspindelsteifigkeit
k_{wst}	N/mm	Werkstücksteifigkeit
k_{wzg}	N/mm	Werkzeugsteifigkeit
k^*_{wzg}	N/mm	Differenzielle Werkzeugsteifigkeit
k_{Tn}	s	Proportionalitätsfaktor
l	mm	Eingriffsstrecke
l_0	mm	Normlänge (0,001 mm)
l_k	mm	Kontaktbogenlänge
$l_{k,eff}$	mm	Effektive Kontaktbogenlänge
l_t	mm	Tauchvorschubweg
l_{te}	mm	Tauchvorschubweg pro Exzenterumdrehung
l_{tR}	mm	Verbleibender Tauchvorschubweg
l_n	mm	Messstrecke
M_z	Nm	Drehmoment um z-Achse des Dynamometers
m_{nm}	mm	Mittlerer Normalmodul

N_{dyn}	1/mm²	Dynamische Schneidenanzahl
n	-	Exponentialfaktor
n_d	1/min	Abrichtwerkzeugdrehzahl
n_e	1/min	Exzenterdrehzahl
n_s	1/min	Schleifscheibendrehzahl
P	W	Schleifspindelleistung
P_c	W	Schnittleistung
P_l	W	Leerlaufleistung
P_{max}	W	Maximale Schleifspindelleistung
$P_{öl}$	W	Verlustleistung durch Ölwiderstand
P_{stat}	W	Stationäre Schleifspindelleistung
p_w	-	Welligkeitsfortschritt
Q_w	mm³/s	Zeitspanungsvolumen
Q'_w	mm³/(mm·s)	Bezogenes Zeitspanungsvolumen
q_d	-	Abrichtgeschwindigkeitsverhältnis
R_0	mm	Normradius (1 mm)
Ra	µm	Arithmetischer Mittenrauwert
R_{fl}	mm	Flugkreisradius/Spitzenradius der Schleifscheibe
Rz	µm	Gemittelte Rautiefe
r	mm	Radius
r_{wst}	mm	Krümmungsradius der Kegelradflanke / Analogiewerkstückradius
T_s	s	Totzeit der Schleifscheibendrehzahl
T_{wst}	s	Totzeit der Werkstückdrehzahl
T_μ	µm	Schnitteinsatztiefe
t	s	Zeit
t_v	s	Verweilzeit
U_d	-	Überdeckungsgrad beim Abrichten
u	mm	Messuhrausschlag
V(t)	mm³	Momentan zerspantes Volumen
V_w	mm³	Zerspanungsvolumen
V'_w	mm³/mm	Bezogenes Zerspanungsvolumen

v_c	m/s	Schnittgeschwindigkeit / Schleifscheibenumfangsgeschwindigkeit
v_{cd}	m/s	Schleifscheibengeschwindigkeit beim Abrichten
v_d	m/s	Abrichtwerkzeuggeschwindigkeit
v_e	m/s	Exzentergeschwindigkeit
$v_{e,A}$	m/s	Exzentergeschwindigkeit im Analogieversuch
$v_{e,K}$	m/s	Exzentergeschwindigkeit beim Kegelradschleifen
v_{fad}	mm/min	Axiale Vorschubgeschwindigkeit beim Abrichten
v_{fd}	mm/min	Vorschubgeschwindigkeit beim Abrichten
v_{fr}	mm/min	Radiale Vorschubgeschwindigkeit
v_{frd}	mm/min	Radiale Vorschubgeschwindigkeit beim Abrichten
v_t	mm/min	Tauchvorschubgeschwindigkeit
$v_{t,ist}$	mm/min	Istwert der Tauchvorschubgeschwindigkeit
$v_{t,K}$	mm/min	Tauchvorschubgeschwindigkeit im Referenz-kegelradschleifprozess
$v_{t,soll}$	mm/min	Sollwert der Tauchvorschubgeschwindigkeit
v_w	°/s	Wälzgeschwindigkeit
v_{wst}	mm/min	Werkstückgeschwindigkeit
x	mm	Verfahrweg der x-Achse
x_a	mm	Kontaktverformung
x_m	mm	Maschinenverformung
x_R	mm	Radiales Restaufmaß
$x_{R,theo}$	mm	Theoretisches radiales Restaufmaß
x_s	mm	Schleifscheibenverformung
x_{sw}	mm	Verschleißbedingte Verlagerung
x_{wst}	mm	Werkstückverformung
x_{wzg}	mm	Werkzeugverformung
Z	-	Zerspanverhältnis
z	mm	Laufvariable Kegelradhöhe
z_1	-	Ritzelzähnezahl
z_2	-	Tellerradzähnezahl

Griechische Formelzeichen

α	°	Winkel zwischen Flanke und Tauchvorschubvektor
α_w	-	Exponentialfaktor
β_m	°	Mittlerer Spiralwinkel
δ	°	Teilkegelwinkel
Δ	µm	Abweichung
Δ_m	µm	Mittlere Abweichung
Δh_i	mm	Lokaler Punktabstand
Δh_m	mm	Mittlerer Punktabstand
Δl_t	mm	Änderung des Tauchvorschubwegs
Δs	mm	Senkrechte Zustellung
$\Delta \dot{s}$	mm/s	Pro Zeit zerspantes Aufmaß
Δs_0	mm	Referenzzustellung (1 mm)
Δs_e	mm	Senkrechte Zustellung pro Exzenterumdrehung
$\Delta s_{e,eff}$	mm	Effektiv zerspantes Aufmaß pro Exzenterumdrehung
Δs_{ges}	mm	Senkrechte Gesamtzustellung
$\Delta s_{ges,eff}$	mm	Insgesamt effektiv zerspantes Aufmaß
Δs_R	mm	Senkrechtes Restaufmaß
Δt	s	Zeitdifferenz
Δx	mm	Schritte der Verfahrbewegung der x-Achse
μ	-	Schnittkraftverhältnis
μ_u	-	Überdeckungsfaktor
ν_s	-	Querkontraktionszahl Schleifscheibe
ν_{wst}	-	Querkontraktionszahl Werkstück
φ_S	°	Schleifscheibenprofilwinkel
σ	N/mm²	Spannung
τ	s	Zeitkonstante
τ_{csn}	s	Zeitkonstante
τ_F	s	Zeitkonstante
τ_t	s	Zeitkonstante

Abkürzungen

bzw.	Beziehungsweise
cBN	Kubisches Bornitrid
CHD	Einsatzhärtetiefe
eff.	effektiv
HRC	Rockwell-Härte
HV	Vickers-Härte
KIMoS	Klingelnberg Integrated Manufacturing of Spiral Bevel Gears
KSS	Kühlschmierstoff
kv	Konkav
kx	Konvex
M	Mittelpunkt der Schleifscheibe
max	Maximal
min	Minimal
P	Exzentermittelpunkt
RMSE	Root-mean-square error
RWTH	Rheinisch-Westfälische Technische Hochschule
S	Startposition
theo.	theoretisch
WZL	Werkzeugmaschinenlabor

1 Einleitung

German Introduction

Aufgrund zunehmender Anforderungen an die Tragfähigkeit, das Anregungsverhalten und den Wirkungsgrad von Zahnradgetrieben kann auf die Hartfeinbearbeitung von Verzahnungen in vielen Fällen nicht mehr verzichtet werden. Die Hartfeinbearbeitung durch Schleifen ist wegen hoher erreichbarer geometrischer Genauigkeit und Oberflächengüte ein etablierter Fertigungsschritt zur Endbearbeitung von Verzahnungen für unterschiedlichste Anwendungsfälle [BAUS06]. Für die Übertragung von Leistungen und Drehbewegungen zwischen nicht parallelen Achsen kommen häufig Kegelräder zum Einsatz. Kegelräder werden insbesondere bei hohen Anforderungen an die geometrische Genauigkeit und Reproduzierbarkeit geschliffen [STAD05b]. Neben der Anwendung in der Luftfahrtindustrie ist das Kegelradschleifen als hochproduktives Fertigungsverfahren in der Serienfertigung von Automobilgetrieben etabliert [KLIN08].

Im industriellen Umfeld erfolgt die Auslegung von Kegelradschleifprozessen meist erfahrungsbasiert [WESS09]. Für die verwendeten Prozessparameter ist oft nicht bekannt, ob diese im Bereich der maximalen Produktivität liegen, bei der noch keine negative Bauteilbeeinflussung auftritt. Eine effiziente Auslegung produktiver Schleifprozesse kann mithilfe der Schleifkraft erfolgen. Die Kenntnis der Schleifkraft ist für die Vorhersage sowohl der thermischen Beeinflussung der Bauteilrandzone als auch der Belastung und somit des Verschleißes der Schleifwerkzeuge essentiell [TÖNS92]. Die Schleifkraft spielt daher eine entscheidende Rolle bei der wissensbasierten Schleifprozessauslegung. In etablierten Modellen wird die Schleifkraft häufig basierend auf den geometrischen Spanungskenngrößen berechnet [WERN71, TÖNS92]. Für das Kegelradschleifen können bislang jedoch weder die lokalen geometrischen Spanungskenngrößen noch die Schleifkraft vorhergesagt werden.

In dieser Arbeit soll zunächst ein Modell zur Abbildung der geometrischen Spanungskenngrößen beim Kegelradschleifen entwickelt werden. Anschließend soll überprüft werden, ob für das Kegelradschleifen existierende Modelle zur Vorhersage der Schleifkraft angewendet werden können. Weil sich insbesondere die Kontaktbedingungen und die Kinematik des Tauchschleifens von Kegelrädern von konventionellen Schleifprozessen unterscheiden, liegt der Fokus in dieser Arbeit auf dieser Prozessvariante. Durch das zu entwickelnde Schleifkraftmodell wird die Grundlage für eine zukünftige wissensbasierte Prozessauslegung beim Kegelradschleifen geschaffen. Das Modell soll in Zukunft die effiziente Auslegung produktiver Kegelradschleifprozesse unterstützen, in denen Schleifbrand prozesssicher vermieden wird. Basierend auf der Schleifkraftvorhersage können zudem Modelle zur Vorhersage des Werkzeugverschleißes und der thermischen Bauteilbeeinflussung entwickelt werden.

Introduction

Due to increasing demands on the load-carrying capacity, noise excitation behavior and efficiency of gear drives, hard finishing of gears has become indispensable in many cases. Because of high achievable geometric accuracy and surface finish, hard finishing by grinding is an established process step for the machining of gears for a wide variety of applications [BAUS06]. For the transmission of power and rotation between non-parallel axes, bevel gears are often used. Bevel gears are ground especially in case of high demands on geometric accuracy and reproducibility [STAD05b]. In addition to the application in the aerospace industry, bevel gear grinding is established as a highly productive manufacturing process in the series production of automotive transmissions [KLIN08].

In the industrial environment, the design of bevel gear grinding processes is usually performed based on experience [WESS09]. Commonly it is not known whether the derived process parameters lie within the range of the maximum productivity at which no negative influence on the workpiece occurs. An efficient design of productive grinding processes can be performed with the aid of the grinding force. The knowledge of the grinding force is essential for the prediction of the thermal influence on the workpiece as well as the load and thus the wear of the grinding tools [TÖNS92]. Therefore, the grinding force plays a decisive role in knowledge-based grinding process design. In established models, the grinding force is often predicted based on the geometric chip parameters [WERN71, TÖNS92]. For bevel gear grinding, so far, no models for the prediction of the local geometric chip parameters or the grinding force exist.

In this thesis, a model of the contact conditions and the resulting chip parameters for bevel gear grinding shall be developed. Subsequently, it will be analyzed whether existing models for the prediction of the grinding force can be applied for bevel gear grinding. Because in particular the contact conditions and kinematics of bevel gear plunge grinding differ from conventional grinding processes, the focus of this research is on this process variant. By means of the model to be developed, a basis for future knowledge-based process design in bevel gear grinding will be created. The model is supposed to support the efficient design of productive bevel gear grinding processes in which grinding burn is reliably avoided. Based on the grinding force prediction, it will also be possible to develop models for predicting grinding tool wear and the thermal influence in bevel gear grinding.

2 Stand der Erkenntnisse

State of the Art

Das Schleifen von Kegelrädern ist ein hochspezialisierter Prozessschritt zur Fertigbearbeitung von Kegelradverzahnungen. Insbesondere das Kegelradschleifen im Tauchverfahren zur Fertigung von Tellerrädern unterscheidet sich hinsichtlich der Prozesskinematik sowie der auftretenden Kontaktbedingungen grundlegend von anderen Schleifprozessen. Aus diesem Grund werden in den nachfolgenden Kapiteln die grundlegenden Prozesseigenschaften und Randbedingungen des Kegelradschleifens vorgestellt. Anschließend werden bestehende Modellierungsansätze für Schleifprozesse präsentiert, welche Potenzial aufweisen, auf das Kegelradschleifen übertragen zu werden. Zuletzt werden aus dem Stand der Technik die Motivation dieser Arbeit sowie vorhandene Wissensdefizite abgeleitet.

2.1 Kegelräder

Bevel Gears

Kegelräder kommen zum Einsatz, wenn Leistungen oder Drehbewegungen zwischen nicht parallelen Achsen übertragen werden sollen [KLIN08]. Häufige Anwendungsfälle von Kegelrädern umfassen automobile Achsantriebe, Schiffsantriebe, Flugzeugturbinen und Industriegetriebe. Ein Kegelradsatz besteht dabei üblicherweise aus zwei Kegelrädern: Einem kleineren treibenden Kegelritzel und einem größeren getriebenen Tellerrad, siehe **Bild 2-1** [STAD13]. Prinzipiell können geradverzahnte, schrägverzahnte und spiralverzahnte Kegelräder nach der Form ihrer Flankenlängslinie unterschieden werden. In dieser Arbeit werden ausschließlich spiralverzahnte Kegelräder mit kreisbogenförmiger Flankenlängslinie betrachtet, welche häufig mittels Schleifen bearbeitet werden. Bei spiralverzahnten Kegelrädern weist jede Zahnlücke jeweils eine konvexe und eine konkave Zahnflanke auf.

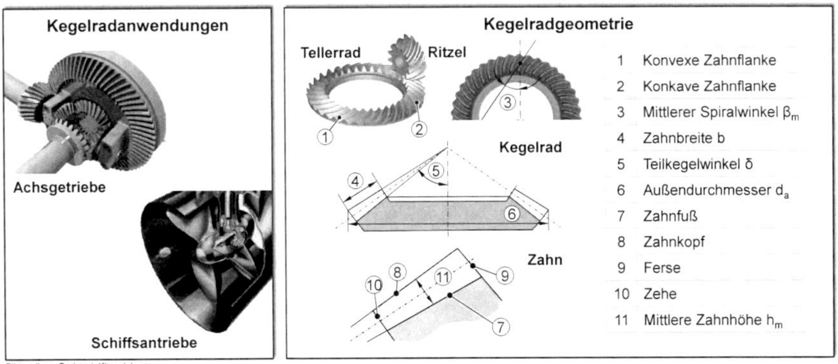

Bildquellen: Grabcad; Klingelnberg

Bild 2-1: Kegelräder
Bevel Gears

In Bild 2-1 sind einige wichtige geometrische Größen am Kegelrad dargestellt. Weitere wichtige Kenngrößen sind die Zähnezahl z, der Teilkreisdurchmesser sowie der Normalmodul, welcher aus Zähnezahl, Teilkreisdurchmesser und Spiralwinkel berechnet werden kann. In Abhängigkeit von der Auslegung variieren bei Kegelrädern verschiedene Kenngrößen über dem Durchmesser, sodass in der Regel mittlere Werte wie der mittlere Spiralwinkel β_m, der mittlere Normalmodul m_{nm} oder die mittlere Zahnhöhe h_m angegeben werden.

2.2 Prozesskette der Kegelradfertigung

Process Chain of Bevel Gear Manufacturing

Die Herstellung von Kegelrädern erfolgt üblicherweise in einer von zwei verschiedenen Prozessketten, wie in **Bild 2-2** zu sehen ist [KLOC17a]. In beiden Prozessketten folgt die Bearbeitung des Verzahnungsgrundkörpers der Herstellung des Rohlings. Das Vorverzahnen von Kegelrädern kann entweder im diskontinuierlichen oder im kontinuierlichen Kegelradfräsprozess erfolgen [KLEI06].

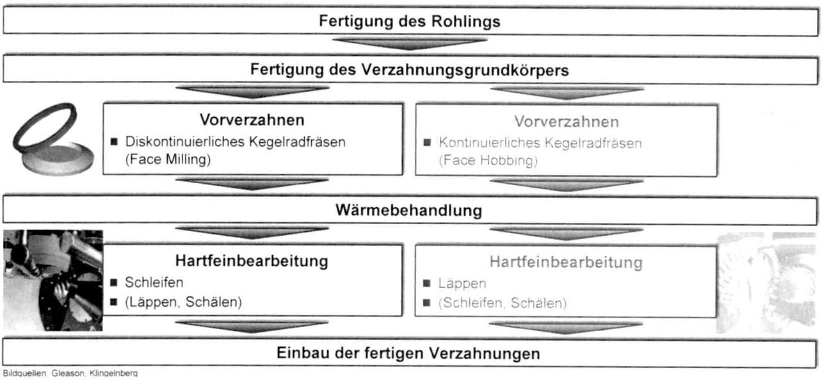

Bild 2-2: Prozesskette der Kegelradfertigung [KLOC17a]
Process Chain of Bevel Gear Manufacturing [KLOC17a]

Im Bereich der Kegelradfertigung lag der Fokus wissenschaftlicher Untersuchungen in den letzten Jahren hauptsächlich auf dem Fräsprozess [BOUZ02, KLEI06, RÜTJ10, HARD13, HERZ13, MAZA21]. Dabei wurde die Durchdringung zwischen Fräswerkzeugen und Werkstück hergeleitet und modelliert [RÜTJ10, HERZ13, MAZA21]. Basierend auf den ermittelten Kontaktbedingungen und dem Zerspankraftmodell nach GUTMANN wurden Ansätze für die Kraftberechnung beim Kegelradfräsen ermittelt [GUTM88, RÜTJ10]. Darüber hinaus wurde der Werkzeugverschleiß beim Kegelradfräsen untersucht und modelliert [BOUZ02, KLEI06, HARD13, HERZ13, MAZA21].

Nach der Weichbearbeitung mittels Kegelradfräsen wird das Kegelrad in der Regel einer Wärmebehandlung unterzogen, der meist eine Hartfeinbearbeitung folgt. Da die Makrogeometrie von Kegelrädern unmittelbar vom Fertigungsprozess abhängt, gibt es

Einschränkungen in der Kombination von Weich- und Hartbearbeitungsverfahren, die in direktem Bezug zur Zahnlückengeometrie stehen [KLOC17a]. Für im kontinuierlichen Fräsverfahren hergestellte Kegelräder ist das Läppen das dominierende Verfahren der Hartfeinbearbeitung, wohingegen im diskontinuierlichen Fräsverfahren hergestellte Kegelräder in der Regel geschliffen werden [STAD13].

Im Kegelradläppprozess werden Ritzel und Tellerrad unter geringer Belastung mit einer Läppsuspension abgewälzt. Die in der Läppsuspension enthaltenen Körner zerspanen in der Kontaktzone Material von den Zahnflanken [KLIN08]. In einem Bearbeitungsvorgang wird ein kompletter Zahnradsatz simultan bearbeitet, allerdings sollten Tellerrad und Ritzel anschließend gemeinsam verbaut werden. Hinsichtlich der Verzahnungseigenschaften wird die durch das Läppen entstehende Oberflächenstruktur sowie die ungleichmäßige Teilung und Topografie oft als vorteilhaft für das Geräuschanregungsverhalten eingestuft [LAND03, STAD05b]. Für das Läppen von Kegelrädern wurde in der Vergangenheit bereits der Einfluss der Prozessparameter auf die Zerspanung in der Kontaktzone untersucht [GRÜN68]. Darüber hinaus wurde ein Prozessmodell entwickelt, welches den Zusammenhang zwischen den Kontaktbedingungen, der lokalen Pressung und der Zerspanung abbildet [RUDO18, RUDO19].

2.3 Kegelradschleifen

Bevel Gear Grinding

Im diskontinuierlichen Verfahren hergestellte Verzahnungen haben meist eine kreisbogenförmige Zahnlängskurve und ermöglichen somit eine genaue Schleifbearbeitung [HEIS14]. Beim Kegelradschleifen erfolgt die Bearbeitung lückenweise mit gebundenen Topfschleifscheiben [FELT08]. Die präzise und korrigierbare Bearbeitung mit einer Topfschleifscheibe ermöglicht eine hohe Verzahnungsqualität und Reproduzierbarkeit und erlaubt eine freie Paarung der Kegelräder [DUDL91]. Darüber hinaus bietet das Verfahren mehr Möglichkeiten für Zahnflankenmodifikationen und ist weniger empfindlich gegenüber Abweichungen aus der Vorbearbeitung und Wärmebehandlung als das Läppen [STAD05b].

Für das Kegelradschleifen wurden Untersuchungen zu den Auswirkungen von Abricht- und Schleifparametern auf die Werkstückeigenschaften durchgeführt [WESS09]. Basierend auf den Versuchsergebnissen wurde ein empirisches Modell zur Vorhersage des Schleifbrandrisikos in Abhängigkeit von den Prozessparametern beim Tauchschleifen von Kegelrädern entwickelt. Die Auswirkungen der Prozessparameter auf die Bauteileigenschaften, die Kontaktbedingungen und die Maschinenleistung wurden ebenfalls betrachtet [WESS09]. Zudem existieren Ansätze zur Vorhersage der Oberflächenrauheit und der Oberflächeneigenspannungen von Kegelradflanken [WANG16, WANG18]. Bislang existiert jedoch kein Modell, welches eine Vorhersage physikalischer Belastungskenngrößen wie der Schleifkraft ermöglicht.

Kegelräder werden theoretisch immer durch eine wälzende Bewegung zwischen dem Werkstück und dem virtuellen erzeugenden Zahnrad hergestellt [STAD13]. Im Fertigungsprozess stellt das Werkzeugprofil die Geometrie des virtuellen erzeugenden Planrades dar. Die wichtigsten Prozessparameter beim Kegelradschleifen im Wälzverfahren sind die Schnittgeschwindigkeit v_c und die Wälzgeschwindigkeit v_w, wie in **Bild 2-3** dargestellt [KLIN08, WESS09]. Die Schnittgeschwindigkeit v_c ergibt sich aus der Rotation der Schleifscheibe um ihre Mittelachse. Die Wälzgeschwindigkeit v_w gibt die Geschwindigkeit an, mit der das Werkzeug um die Wälzwiegenachse geführt wird [KLIN08]. Die Drehung um diese Achse, die der Mittelachse des virtuellen erzeugenden Planrades entspricht, führt zu der relativen Wälzbewegung zwischen Werkzeug und Zahnlücke.

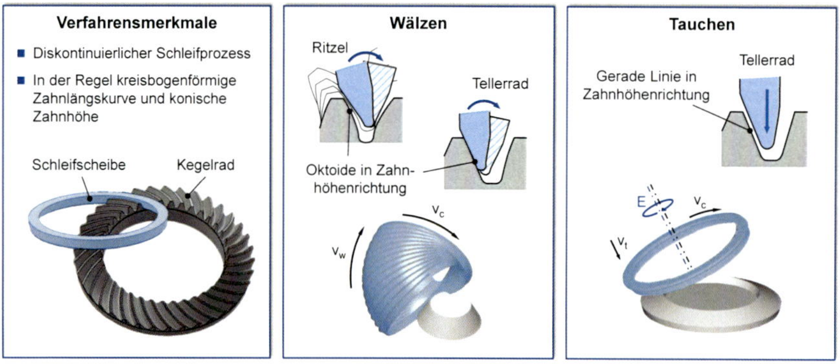

Bild 2-3: Merkmale des Kegelradschleifens
Characteristics of Bevel Gear Grinding

Bei großen Übersetzungsverhältnissen nähert sich die Tellerradflanke im Normalschnitt einer Geraden an [HEIS14]. Ab Übersetzungsverhältnissen von 2,5 wird bei der Bearbeitung des Tellerrades daher in der Praxis oft auf die Wälzbewegung verzichtet, um kürzere Bearbeitungszeiten zu erreichen [KLIN08]. Dieser vereinfachte Prozess wird auch als Tauchschleifen bezeichnet und ist rechts in Bild 2-3 dargestellt.

2.3.1 Tauchschleifen von Kegelrädern

Plunge Grinding of Bevel Gears

Beim Tauchschleifen von Kegelrädern erfolgt die Werkzeugzustellung entlang eines Geradenvektors. Die Sollgeometrie des geschliffenen Tellerrades wird daher direkt durch das Profil des Werkzeugs bestimmt [HARD13]. Abgesehen von Zahnflankenmodifikationen wie beispielsweise Höhenballigkeiten haben getauchte Tellerräder gerade Flanken in Zahnhöhenrichtung [HEIS14]. Die wichtigsten Prozessparameter für das Tauchschleifen von Kegelrädern sind die Schnittgeschwindigkeit v_c und die Tauchvorschubgeschwindigkeit v_t [KLIN08, WESS09]. Die Schnittgeschwindigkeit v_c ergibt sich aus der Rotation der Schleifscheibe. Die Tauchvorschubgeschwindigkeit v_t gibt die Geschwindigkeit an, mit der die Schleifscheibe in die Zahnlücke getaucht wird.

Beim nicht modifizierten Tauchprozess wird die Schleifscheibe entlang ihrer Mittelachse zugestellt [KLIN08]. Mit steigender Tauchzustellung nimmt die Eingriffshöhe zu, bis sich die Schleifscheibe auf der gesamten Höhe der Zahnflanke im Eingriff befindet. Die Schleifscheibe wird relativ zum Werkstück geneigt, sodass die Spitzenebene der Schleifscheibe parallel zum Zahnfuß verläuft [WESS09]. Daraus resultieren parallele Kontaktlinien auf den Zahnflanken. Bei der Fertigung vieler Kegelräder kommen Topfschleifscheiben mit deutlich unterschiedlichen Profilwinkeln φ_S auf der Innen- und der Außenseite zum Einsatz. Bei einer Tauchbewegung entlang der Schleifscheibenmittelachse in das stillstehende Werkstück tritt ein verfrühter Eingriff auf der Seite mit dem kleineren Profilwinkel auf [WESS09]. Dieser vorzeitige Eingriff führt, je nach Winkelunterschied, zu deutlich unterschiedlichen Zeitspanvolumina bei der Bearbeitung der beiden Zahnflanken. Somit ergeben sich verschiedene Belastungen der inneren und der äußeren Werkzeugflanke sowie der konvexen und der konkaven Werkstückflanke [HERZ13]. Dadurch entstehen ungleichmäßiger Werkzeugverschleiß und unterschiedliche Rauheiten auf der konvexen und der konkaven Zahnflanke.

In modernen Kegelradschleifmaschinen kann die Prozesskinematik angepasst werden, um die unterschiedlichen Kontaktbedingungen auf konvexer und konkaver Zahnflanke auszugleichen [RÜTJ10]. Unter Berücksichtigung der Profilwinkel φ_S wird die Zustellrichtung der Schleifscheibe relativ zum Werkstück verändert. Je nach Werkzeugmaschinenhersteller erfolgt diese Änderung durch eine Anpassung der Werkzeugvorschubachse oder durch eine dem Tauchvorschub überlagerte Werkstückbewegung. Auf diese Weise wird die Schleifscheibe unter ähnlichen Winkeln relativ zu den beiden Zahnflanken zugestellt, wodurch der Eingriff auf beiden Zahnflanken nahezu zeitgleich erfolgen kann. Diese angepasste Form der Prozesskinematik wird auch als Vektorvorschub oder modifiziertes Tauchen bezeichnet [KLEI06].

Beim Tauchschleifen von Kegelrädern würde theoretisch ein vollflächiger Kontakt zwischen der Schleifscheibe und den Zahnflanken bestehen [STAD05a]. Vollflächige Kontakte sind hinsichtlich der Kühlschmierung unvorteilhaft [ROWE14]. Durch den ununterbrochenen Kontakt wird die Zufuhr von Kühlschmierstoff nahezu verhindert [KLOC17a]. Darüber hinaus führen hohe Kontaktzeiten zu einem erhöhten Wärmeeintrag und somit zu einem erhöhtem Risiko einer thermischen Randzonenschädigung [JERM18]. Um diesem Effekt entgegenzuwirken, kann beim Kegelradschleifen eine Exzenterbewegung überlagert werden.

2.3.2 Exzenterbewegung nach WAGURI

Eccentric Motion according to WAGURI

Die Exzenterbewegung, nach ihrem Erfinder auch als WAGURI-Bewegung bezeichnet, wird durch die Lagerung der Schleifspindel in einer separat angetriebenen exzentrischen Buchse realisiert [WAGU62, KLIN08]. Je nach Werkzeugmaschinenhersteller und Schleifmaschinentyp variiert die Exzentrizität e_x von mehreren Hundertstel Millimetern bis zu einigen Zehntel Millimetern und ist in der Regel vom Anwender nicht einstellbar [WESS09]. In Abhängigkeit von der Exzentrizität wird die Geometrie der Topfschleifscheibe angepasst, sodass trotz der überlagerten exzentrischen Bewegung die gleiche Zahnlückengeometrie entsteht, siehe **Bild 2-4**. Gegenüber der theoretischen Geometrie der Topfschleifscheibe, deren Profil genau der Zahnlückengeometrie entspricht, resultieren beim Abrichten mit Exzenter ein um das Doppelte der Exzentrizität e_x vergrößerter Innendurchmesser sowie ein um das Doppelte der Exzentrizität e_x verkleinerter Außendurchmesser [STAD13]. Auf diese Weise bildet die exzentrisch bewegte Topfschleifscheibe die theoretische Kontur und damit die angestrebte Geometrie der Zahnlücke ab.

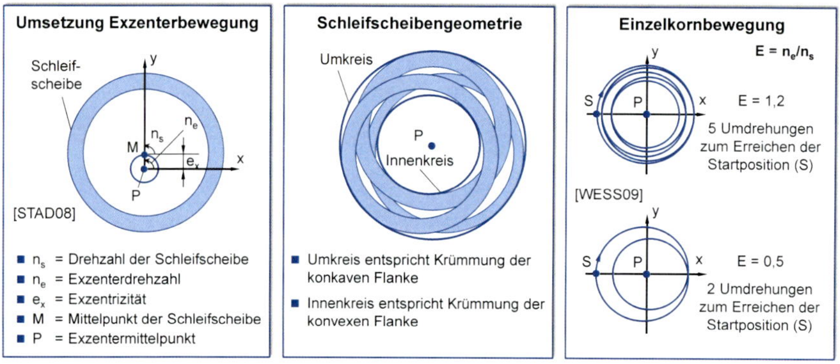

Bild 2-4: Exzenterbewegung nach WAGURI [WAGU62]
Eccentric Motion according to WAGURI [WAGU62]

Durch die angepasste Geometrie der Topfschleifscheibe und die Exzenterbewegung ergibt sich ein lokal begrenzter unterbrochener Kontakt zwischen Schleifscheibe und Zahnflanke. Dieser Kontakt wird durch die Exzenterbewegung in Zahnbreitenrichtung bewegt, sodass die gesamte Zahnflanke bearbeitet wird. Durch die Unterbrechung des Kontakts wird die Kontaktzeit verkürzt und die Kühlschmierstoffzufuhr verbessert [KLIN08]. Auf diese Weise kann das Risiko thermischer Bauteilschädigungen verringert werden. Zudem kann die Exzenterbewegung auch beim Wälzschleifen eingesetzt werden, um die Oberflächenstruktur zu beeinflussen [KLIN08].

2.4 Schleifscheibenspezifikationen

Grinding Wheel Specifications

Die Schleifbearbeitung von Verzahnungen erfolgt meist mit gebundenen Schleifscheiben. Einer der Hauptbestandteile der Schleifscheiben sind Abrasivkörner, welche die Zerspanung des Werkstückwerkstoffs durchführen [MALK08]. Aus diesem Grund sollten Kornwerkstoffe wesentlich härter als der Werkstückwerkstoff sein und eine gute thermische und chemische Beständigkeit aufweisen [ROWE14]. Die Bindung muss die scharfen Körner halten und bei durch Abstumpfung ansteigenden Kräften die stumpfen Körner freigeben [KLOC17b]. Für verschiedene Anwendungen kommen verschiedene Arten von Korn- und Bindungsmaterialien zum Einsatz. Während konventionelle Schleifscheiben Korn aus Siliziumkarbid oder Korund (Aluminiumoxid) enthalten, können zum Schleifen auch hochharte Kornmaterialien wie cBN oder Diamant verwendet werden [LINK16]. Da Diamant aufgrund seiner Diffusionsneigung nur bedingt zum Schleifen eisenhaltiger Werkzeuge geeignet ist, werden diamantbelegte Schleifscheiben nicht zum Verzahnungsschleifen eingesetzt [MALK08, KLOC17a].

Die wichtigsten Bindungssysteme sind Kunstharzbindungen, keramische und galvanische Bindungen [LINK16]. Im Gegensatz zu galvanischen Bindungen sind keramische und Kunstharzbindungen abrichtbar. Während keramisch und kunstharzgebundene Schleifscheiben in der Regel nur aus Korn, Bindung sowie einem signifikanten Porenanteil bestehen, bestehen galvanische Schleifscheiben mit hochharten Kornwerkstoffen aus Kostengründen meist nur aus einschichtig mit Schleifkorn belegten Grundkörpern [MALK08]. Bei keramisch und kunstharzgebundenen Schleifscheiben haben die Poren die Aufgabe, Kühlschmierstoff in die Kontaktzone zu führen und Späne aus der Kontaktzone abzuführen [KLOC17b].

Sowohl für das Tauchschleifen als auch für das Wälzschleifen von Kegelrädern werden Topfschleifscheiben eingesetzt, welche im Folgenden nur noch als Schleifscheiben bezeichnet werden. Diese bestehen aufgrund der niedrigen Kosten häufig aus keramisch gebundenem Korundkorn [HEIS14]. Korundkorn kann neben statistisch variierender Form auch optimierte, definiert eingestellte geometrische Formen aufweisen [STAD08]. Keramische Bindungen bieten hohe Verschleißfestigkeit sowie Formstabilität bei gleichzeitig guter Abrichtbarkeit [LINK07]. Schleifscheiben aus keramisch gebundenem Korund können aufgrund ihrer Bindung sowie des vergleichsweise günstigen Korns flexibel abgerichtet und umprofiliert werden [BAUS06]. Zudem ermöglichen keramisch gebundene Korundschleifscheiben eine offenporige Struktur, wodurch die Kühlschmierstoffzufuhr in die Kontaktzone verbessert werden kann [KLIN08]. Gegenüber hochharten Schleifkörnern bietet Korund jedoch nur eine geringe Verschleißfestigkeit und Wärmeleitfähigkeit [WESS09].

Neben Korundschleifscheiben kommen auch keramisch oder galvanisch gebundene cBN-Schleifscheiben für das Kegelradschleifen zum Einsatz [KLIN08]. Diese können aufgrund des verschleißfesten Korns über deutlich größere Zerspanvolumina ihre Formgenauigkeit behalten [HEIS14]. Zudem bietet cBN durch seine erhöhte Wärmeleitfähigkeit sowie thermische Stabilität Potenzial zur vermehrten Wärmeabfuhr aus der Kontaktzone und zum Schleifen mit hoher Produktivität [MALK08]. Wie Korundschleifscheiben sind keramisch gebundene cBN-Schleifscheiben abrichtbar. Aufgrund des kostenintensiven cBN-Korns ist ein Umprofilieren der Werkzeuge jedoch wirtschaftlich nicht sinnvoll.

2.5 Konditionieren von Schleifscheiben

Conditioning of Grinding Wheels

Um die hohen Qualitätsanforderungen bei der Schleifbearbeitung zu erfüllen, ist in der Regel ein Konditionieren der Schleifscheibe notwendig. Auf diese Weise können sowohl der makroskopische geometrische Zustand als auch der mikroskopische Schneidenzustand der Schleifscheibe eingestellt sowie Makro- und Mikroverschleiß kompensiert werden, siehe **Bild 2-5** links [KLOC17b].

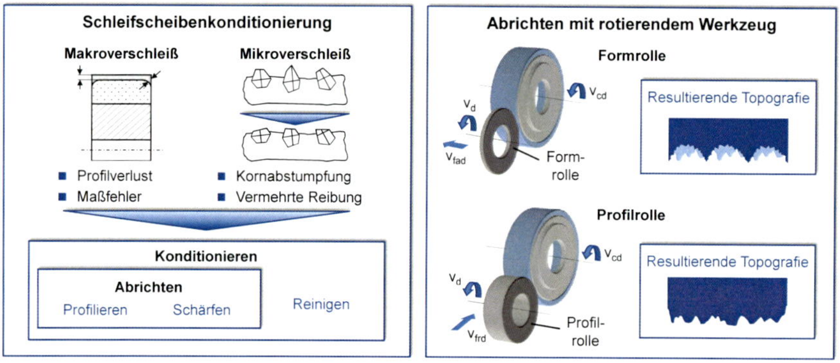

Bild 2-5: Konditionieren von Schleifscheiben
Conditioning of Grinding Wheels

Bei der Verwendung abrichtbarer Bindungssysteme kann der Begriff Konditionieren sowohl das Abrichten als auch das Reinigen der Schleifscheibe umfassen [HEIS14]. Beim Reinigen werden Zusetzungen aus Porenräumen entfernt, die insbesondere durch Späne verursacht werden. Da in vielen Schleifprozessen, wie auch beim Kegelradschleifen, oft auf das Reinigen der Schleifscheibe verzichtet wird, wird zur klassischen Einsatzvorbereitung von Schleifscheiben häufig nur das Abrichten gezählt [MALK08, WESS09]. Unter dem Begriff Abrichten sind das Profilieren und das Schärfen der Schleifscheibe zusammengefasst [HEIS14]. Beim Profilieren soll die gewünschte makrogeometrische Form der Schleifscheibe wiederhergestellt werden. Beim Schärfen werden abgestumpfte Körner sowie Teile der Bindung entfernt und neue, scharfe Körner freigelegt [KLOC17a]. In der Regel erfolgt das Abrichten für konventionelle Schleifscheiben in einem Prozess direkt auf der Schleifmaschine.

Beim Kegelradschleifen erfolgt das Abrichten standardmäßig in einem bahngesteuerten Prozess mit diamantbelegten rotierenden Formrollen [KLIN08]. Dadurch kann ein Abrichtwerkzeug für eine große Anzahl verschiedener Schleifscheiben- und Verzahnungsgeometrien verwendet werden [LIER07]. Die Haupteinflussfaktoren auf das Arbeitsergebnis sind die Eigenschaften des Abrichtwerkzeugs und die Abrichtparameter. Durch die Prozessparameter beim Abrichten kann die Wirkrauheit der Schleifscheibe und somit auch die resultierende Zahnflankenrauheit in einem weiten Rahmen variiert werden [WESS09]. Welche Schleifscheibenwirkrauheit mit welchen Abrichtparametern erzielt werden kann, ist dabei stark von der Schleifscheibenspezifikation sowie der Abrichtwerkzeuggeometrie abhängig [WAGN17].

Die wichtigsten Einstellparameter beim Abrichten mit rotierenden Formrollen sind der Überdeckungsgrad U_d, das Geschwindigkeitsverhältnis q_d und die Abrichtzustellung a_{ed} [DENK11, KLOC17b]. Der Überdeckungsgrad ergibt sich aus dem Verhältnis der Eingriffsbreite des Abrichtwerkzeugs zum Vorschub und gibt an, wie dicht die durch den Abrichtprozess erzeugten Riefen auf der Schleifscheibenoberfläche aneinander liegen [TÜRI02]. Ein höherer Überdeckungsgrad führt zu einer hohen Anzahl an Schneiden mit geringem Überstand und somit zu einer geringeren Wirkrauheit der Schleifscheibentopografie [KLOC17b]. Das Geschwindigkeitsverhältnis q_d gibt das Verhältnis der Umfangsgeschwindigkeiten von Abrichtformrolle und Schleifscheibe wieder. Durch das Geschwindigkeitsverhältnis kann die Form der Bahnkurven der Abrichtdiamanten und somit die Wirkrauheit der Schleifscheibe beeinflusst werden [LINK07]. Je nach Schleifscheibenspezifikation und gewünschter Oberflächenstruktur kommen Geschwindigkeitsverhältnisse zwischen $-1 < q_d < 0$ (Gegenlauf) oder $0 < q_d < 1$ (Gleichlauf) zum Einsatz [TÜRI02]. Eine weitere Einstellgröße im Abrichtprozess ist die Abrichtzustellung a_{ed}, die beim bahngesteuerten Abrichten vorgibt, wie viel des Schleifbelags in einem Abrichthub zerspant wird [LINK07]. Grundsätzlich ist davon auszugehen, dass eine erhöhte Abrichtzustellung zu einer Erhöhung der Schleifscheibenwirkrauheit führt [TÜRI02, KLOC17b].

Neben dem Abrichten mit Formrollen können beim Verzahnungsschleifen auch Profilrollen zum Einsatz kommen. Diese Profilrollen sind direkt an eine gewünschte Schleifscheibengeometrie angepasst und ermöglichen eine erhöhte Produktivität [KLOC17a]. Da beim Abrichten mit Profilrollen das Schleifscheibenprofil direkt durch das Abrichtwerkzeugprofil abgebildet wird, entsteht keine Riefenstruktur auf der Schleifscheibenoberfläche. Beim Einsatz von Profilrollen kann das Arbeitsergebnis vor allem durch die Diamantierung des Abrichtwerkzeugs sowie das Geschwindigkeitsverhältnis q_d von Abrichtwerkzeug und Schleifscheibe beeinflusst werden [LIER07].

2.6 Fertigungsbedingte Verzahnungseigenschaften

Manufacturing-related Gear Properties

Schleifen wird bei der Verzahnungsfertigung hauptsächlich eingesetzt, um den hohen Anforderungen hinsichtlich der Tragfähigkeit sowie des Geräuschverhaltens von Laufverzahnungen gerecht zu werden [KARP08]. Bei hoch beanspruchten Zahnrädern umfassen die Qualitätsanforderungen neben der geometrischen Genauigkeit auch die Randzoneneigenschaften, die durch das Schleifen als meist letztem Prozessschritt maßgeblich beeinflusst werden [LINK10]. Die Analyse der Randzoneneigenschaften kann sowohl über eine direkte Untersuchung der Bauteileigenschaften als auch indirekt über eine Prozessdiagnose erfolgen [BRIN91]. Um den Einsatz indirekter Methoden zu ermöglichen, müssen jedoch die Zusammenhänge zwischen den Prozesskenngrößen und den resultierenden Bauteileigenschaften hinreichend genau bekannt sein.

Die Bauteileigenschaften können in Eigenschaften der Bauteilgeometrie, Grundwerkstoffeigenschaften sowie Randzoneneigenschaften unterteilt werden. Der spanende Fertigungsprozess beeinflusst dabei die Eigenschaften der Bauteilgeometrie sowie der Randzone [BRIN91]. Der Begriff Geometrie umfasst sowohl die Bauteilmakrogeometrie als auch Aspekte der Mikrogeometrie wie die Oberflächenrauheit [DIN82]. Die Bewertung der Verzahnungsqualität beinhaltet in der Regel die Erfassung der Verzahnungsgeometrie und der Zahnflankenrauheit sowie eine Analyse der Randzoneneigenschaften, wie in **Bild 2-6** dargestellt [KLOC17c].

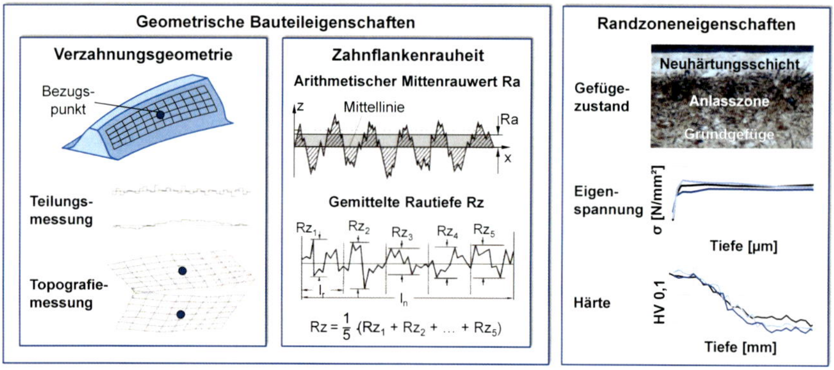

Bild 2-6: Fertigungsbedingte Verzahnungseigenschaften
Manufacturing-related Gear Properties

Geometrische Abweichungen bei der Fertigung können neben Maschinenabweichungen auch durch kraftbedingte Schwingung, Abdrängung und Verformung im Schleifprozess verursacht werden [MALK08]. Da Verzahnungen oft hohe Leistungen übertragen müssen, werden hier die Möglichkeiten der hochgenauen Fertigung durch die Aufbringung von Modifikationen im Mikrometerbereich sowie die Einhaltung engster Toleranzen ausgeschöpft [BAUS06]. Dies ist notwendig, da die geometrische Verzahnungsqualität die resultierende Tragfähigkeit maßgeblich beeinflusst [ISO06]. Um die geometrische Verzahnungsqualität zu überprüfen, wurden spezielle verzahnungsspezifische Messgrößen entwickelt. Diese umfassen neben Größen zur Bewertung der Zahnflankenqualität auch die Qualität von Teilung und Rundlauf, welche die Lage und den Abstand der Zähne zueinander beschreiben [BAUS06].

Die Zahnflankenqualität von Stirnrädern wird in der Regel durch einen linienförmigen Vergleich des Profils mit einer idealen Evolvente sowie der Flankenlinie mit einer Geraden durchgeführt [KLIN08, KLOC17a]. Kegelräder weisen jedoch in der Regel weder ein Evolventenprofil noch eine gerade Flankenlinie auf. Aus diesem Grund, sowie um die häufig komplexen Modifikationen erfassen zu können, hat sich für Kegelräder eine topografische Erfassung und Bewertung der Flankengeometrie etabliert [KLIN08]. Dabei wird die Zahnflanke mittels eines Messgitters abgetastet und anschließend mit idealen Sollmessdaten verglichen, welche aus dem Auslegungsprogramm stammen.

Neben der Verzahnungsgeometrie werden die Oberflächenstruktur beziehungsweise die Zahnflankenrauheit bewertet. Die Oberflächenstruktur der Flanken nach der Bearbeitung ist von großer Relevanz für die Tragfähigkeit sowie das Anregungsverhalten von Verzahnungen [WINK09]. Die Rauheit nach dem Schleifen wird sowohl durch die Schleif- und Abrichtparameter als auch durch die Wahl von Schleif- und Abrichtwerkzeug beeinflusst [KLOC17b]. Übliche Werte für die Charakterisierung der Rauheit von Zahnflankenoberflächen sind der arithmetische Mittenrauwert Ra sowie die gemittelte Rautiefe Rz, wie in Bild 2-6 zu sehen [MIKO14]. Der Mittenrauwert Ra entspricht der Höhe des Rechtecks, welches die gleiche Länge hat wie die Messtrecke und den gleichen Flächeninhalt wie die Fläche zwischen Profilmittellinie und Profilhöhe. Zur Bestimmung der Rautiefe Rz wird die Messstrecke l_n in fünf gleich große Einzelmessstrecken unterteilt. Für jede Einzelmessstrecke wird der Abstand vom tiefsten Tal zur höchsten Spitze bestimmt. Die gemittelte Rautiefe Rz entspricht dabei dem Mittelwert der Teilmessstrecken. Für das Kegelradschleifen wurden bereits Modellansätze entwickelt, um die Zahnflankenrauheit vorherzusagen [WANG16].

Ergänzend zur geometrischen Bauteilqualität ist die Bewertung der Randzoneneigenschaften Bestandteil der Bauteilcharakterisierung. Weil ein Großteil der beim Schleifen entstehenden Wärme in das Werkstück fließt, ist die thermische Bauteilschädigung einer der wichtigsten begrenzenden Faktoren von Schleifprozessen [MALK07]. So kann durch hohe Kontaktzonentemperaturen eine negative Beeinflussung der Randzonenintegrität auftreten [JAWA11]. Thermische Schädigungen der Randzone durch das Schleifen können beispielsweise zu verminderter Härte sowie zu Zugeigenspannungen führen [KARP11]. Dies kann sich wiederum negativ auf die Belastbarkeit und das Verschleißverhalten der gefertigten Verzahnungen auswirken [SOMM10]. Um die Leistungsfähigkeit von Verzahnungen bewerten zu können, ist die Kenntnis der Randzoneneigenschaften daher unabdingbar [LIU04]. Die Charakterisierung der Bauteilrandzoneneigenschaften umfasst üblicherweise die Untersuchung des Verlaufs der Eigenspannungen sowie der Härte über dem Randabstand [BRIN14]. Für das Kegelradschleifen existieren bereits Ansätze, um die resultierenden Oberflächeneigenspannungen vorherzusagen [WANG18]. Darüber hinaus können Gefügeschliffe geeignet zur Detektion von Phasenumwandlungen sein [KLOC17c]. Zur schädigungsfreien Detektion von Schleifbrand in der Serienfertigung von Verzahnungen haben sich das Nitalätzen sowie die Messung des Barkhausen-Rauschens etabliert [SCHW08, KARP11].

2.7 Abbildung und Modellierung von Schleifprozessen

Modeling of Grinding Processes

Der Schleifprozess ist in der Regel einer der letzten, häufig sogar der letzte Fertigschritt in der Prozesskette. Das Ergebnis der Schleifbearbeitung prägt somit maßgeblich die Eigenschaften der gefertigten Komponente. Ein Fehler in der Schleifbearbeitung ist daher häufig mit hohen Kosten verbunden [AURI09]. Um eine negative Beeinflussung des fertigen Bauteils zu vermeiden, werden die Schleifprozessparameter häufig deutlich unterhalb des Produktivitätsmaximums gewählt [BRIN98]. Insbesondere bei Verzahnungsschleifprozessen, bei denen es besonders enge Toleranzen einzuhalten gilt, erfolgt die Prozessauslegung häufig erfahrungsbasiert zur sicheren Seite hin [WESS09].

Die Modellierung von Schleifprozessen und die dadurch gegebene Vorhersagbarkeit von Prozesseigenschaften und Prozessergebnissen bietet hohes Potenzial zur Vereinfachung der Prozessauslegung sowie zur Erhöhung der Produktivität [AURI09]. Modelle von Fertigungsprozessen bilden auf vereinfachte Art und Weise den Zusammenhang zwischen Eingangs- und Ausgangsgrößen ab und sollen somit eine Vorhersage des Prozessergebnisses ermöglichen [TÖNS92]. Bei der Modellierung kann zwischen physikalischen und empirischen Modellen unterschieden werden. Physikalische Modelle bieten den Vorteil einer besseren Übertragbarkeit auf veränderte Randbedingungen. Aufgrund der hohen Anzahl an Einflussfaktoren und der komplexen Wechselwirkungen werden zur Beschreibung von Schleifprozessen jedoch meist Mischformen und keine rein physikalischen Modelle gewählt [TÖNS92]. Im Folgenden werden existierende Modellierungsansätze für Schleifprozesse vorgestellt.

2.7.1 Schleifscheibentopografie

Grinding Wheel Topography

Bei der Modellierung von Schleifprozessen spielt die Berücksichtigung der Schleifscheibentopografie eine entscheidende Rolle. Die Schleifscheibentopografie beinhaltet eine Vielzahl einzelner Schleifkörner, die im Schleifprozess mit dem Werkstück interagieren [RASI16]. Wichtige Charakteristika der Schleifscheibentopografie sind die Anordnung sowie die Form der einzelnen Schleifkornschneiden. Die Schneidenanordnung beinhaltet den Schneidenabstand und, daraus abgeleitet, die Schneidendichte bzw. Schneidenanzahl über der Schneidenraumtiefe [KASS69, WERN71]. Die Schneidenform kann durch verschiedene Winkel wie den Keilwinkel oder den Öffnungswinkel beschrieben werden [RASI16]. In vielen Modellen werden jedoch zur Vereinfachung mittlere Schneidenformen wie spitze oder abgerundete Pyramiden und Kegel verwendet [MASS52, KASS69, WERN71].

Neben der messbaren statischen Schleifscheibentopografie ist für die Modellierung von Schleifprozessen die dynamisch wirksame Schleifscheibentopografie von großer Bedeutung. Diese ergibt sich aus der Wechselwirkung zwischen Schneidenraumgeometrie und Prozesskinematik [KASS69]. Die dynamisch wirksame Schleifscheibentopografie berücksichtigt, dass die Prozesskinematik und die gewählten Prozessparameter die Interaktion der Schleifscheibentopografie mit dem Werkstück beeinflussen. Eine der wichtigsten Kenngrößen zur Beschreibung der dynamischen Schleifscheibentopografie ist die dynamische Schneidenanzahl. Zur Berechnung der dynamischen Schneidenanzahl wurde von KASSEN und WERNER **Formel (2-1)** aufgestellt [KASS69, WERN71, WERN73].

$$N_{dyn} = K_1 \cdot \left(\frac{2 \cdot C_1^{e_w}}{K_s}\right)^{\alpha_w} \cdot \left(\frac{v_{wst}}{v_c}\right)^{\alpha_w} \cdot \left(\frac{a_e}{d_s}\right)^{\alpha_w/2} \tag{2-1}$$

N_{dyn}	[1/mm²]	Dyn. Schneidenanzahl	K_1	[-]	Proportionalitätsfaktor
C_1	[1/mm³]	Statische Schneidendichte	e_w	[-]	Exponentialfaktor
α_w	[-]	Exponentialfaktor	K_s	[-]	Schneidenformfaktor
v_{wst}	[mm/min]	Werkstückgeschwindigkeit	v_c	[m/s]	Schnittgeschwindigkeit
a_e	[mm]	Zustellung	d_s	[mm]	Schleifscheibendurchmesser

Die dynamische Schneidenanzahl gibt an, wie viele Schneiden unter Berücksichtigung der Prozesskinematik in den Eingriff gelangen [LORT75]. Aus der Formel ist ersichtlich, dass die dynamische Schneidenanzahl von den Prozessparametern Werkstückgeschwindigkeit v_{wst}, Schnittgeschwindigkeit v_c und Zustellung a_e abhängt. Zudem beeinflussen Schleifscheibeneigenschaften wie die statische Schneidendichte C_1, die Schneidenform, repräsentiert durch den Schneidenformfaktor K_s, sowie der Schleifscheibendurchmesser d_s die Anzahl der in den Eingriff gelangenden Schneiden. Für diese und viele der folgenden empirischen Formeln für die Schleifbearbeitung ist zu vermerken, dass die Zahlenwerte ohne Einheiten einzusetzen sind.

In neueren Ansätzen werden vorhandene Berechnungsformeln mit 3D-Abbildungen der Schleifscheibentopografie unter Berücksichtigung der Prozesskinematik kombiniert, um charakteristische Kennwerte wie die kinematische Schneidenanzahl oder die Spanungsquerschnittsfläche zu bestimmen [WEIS15]. Durch die Verbindung von gemessener Topografie und Prozesskinematik können die effektiv an der Zerspanung teilnehmenden Körner unter Berücksichtigung von Abschattungseffekten ermittelt werden. Für das kontinuierliche Wälzschleifen wurde der Ansatz bereits auf einen Verzahnungsschleifprozess übertragen [OPHE19]. Die Ermittlung der Schleifscheibentopografie erfolgt in der Regel mittels optischer Messverfahren wie der Laserscanningmikroskopie [RASI16, BART19, OPHE19].

2.7.2 Spanbildung

Chip Formation

Durch den Eingriff der einzelnen Schleifkornschneiden in den Werkstückwerkstoff findet Spanbildung statt. Die Kraft und die Energie im Schleifprozess hängen im Wesentlichen mit der Spanbildung zusammen. Im Gegensatz zu anderen spanenden Verfahren haben die Späne beim Schleifen in der Regel nur eine Dicke in der Größenordnung von wenigen Mikrometern [KLOC17b]. Dies ist durch die geringen Zustellungen sowie die hohe Anzahl eingreifender Schneiden zu erklären. Durch die geringen Spanungsdicken sind elastische Anteile an der Formänderung des Werkstoffs nicht vernachlässigbar [DENK11]. In einer üblichen Modellvorstellung erfolgt die Spanbildung beim Schleifen in drei Phasen, siehe **Bild 2-7** [KLOC17b].

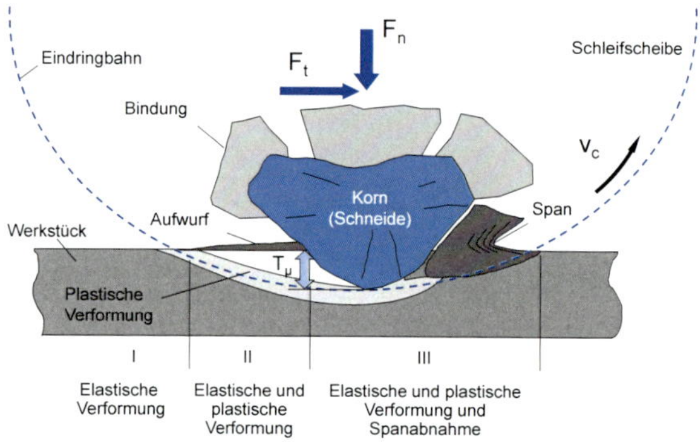

Bild 2-7: Phasen der Spanbildung beim Schleifen [KLOC17b]
Phases of Chip Formation in Grinding [KLOC17b]

Aufgrund der stochastisch verteilten Form und Anordnung der Schleifkörner auf der Schleifscheibe ist davon auszugehen, dass in der Regel alle Phasen der Spanbildung und Spanbildungsmechanismen simultan auftreten [RASI16]. Das Ausmaß und die Anteile der einzelnen Phasen haben dabei einen signifikanten Einfluss auf viele Aspekte des Schleifprozesses, wie beispielsweise den Schleifscheibenverschleiß, die auftretenden Kräfte und die resultierenden Bauteileigenschaften [ROWE14]. Die Modellierung der Spanbildung kann aus diesem Grund eine Basis für eine übergreifende Modellierung von Schleifprozessen sein. Ein häufiger Ansatz zur Modellierung der mechanischen Vorgänge bei der Spanbildung ist der plastomechanische Ansatz der Gleitlinientheorie [LORT75, STEF83]. Mithilfe der Gleitlinientheorie können die Bedingungen am Einzelkorn, wie der Spannungszustand und die Kraft, vorhergesagt werden. In alternativen Ansätzen werden den einzelnen Phasen der Spanbildung jeweils einzelne physikalische Teilmodelle zugewiesen, sodass beispielsweise die Schleifenergie als Summe der verschiedenen Spanbildungsenergien bestimmt werden kann [LINK17].

Neben diesen sehr tief auf das Einzelkorn sowie die einzelnen Spanbildungsmechanismen eingehenden Modellen existieren auch vereinfachte geometrische Ansätze, welche den Gesamtprozess und die stattfindende Spanbildung im Mittel betrachten. Diese Ansätze basieren bei der Modellierung der Zerspanung hauptsächlich auf der geometrischen Durchdringung zwischen Korn und Werkstück [KASS69, WERN71, BREC17b, KAMP17]. Dabei wird für jedes Korn eine identische Spanbildungskraft bzw. -energie angenommen und über alle Körner aufsummiert [WERN71]. Auf diese Weise wird eine Gesamtprozessbetrachtung sowie eine Übertragung auf andere

Schleifprozesse ohne vorhergehende umfassende Analyse der Werkstoffbearbeitung auf Einzelkornebene möglich. Im Folgenden werden daher Möglichkeiten zur Ableitung geometrischer Kenngrößen für Schleifprozesse vorgestellt.

2.7.3 Geometrische Spanungskenngrößen

Geometric Chip Parameters

Zur Beschreibung von Schleifprozessen werden häufig charakteristische geometrische Spanungskenngrößen verwendet. Diese können entweder makroskopischer oder mikroskopischer Art sein. Die makroskopischen Spanungskenngrößen beschreiben die Kontaktgeometrie zwischen Schleifscheibe und Werkstück. Diese Kenngrößen weisen in der Regel einen Proportionalzusammenhang zu Spindelleistung, Schleifkraft, Schleifenergie und Abdrängung auf und eignen sich somit für die Prozessmodellierung und -vorhersage [ROWE14]. Häufig herangezogene Spanungskenngrößen zur Modellierung von Schleifprozessen umfassen die Kontaktbogenlänge l_k und die Spanungsdicke h_{cu}, siehe **Bild 2-8**.

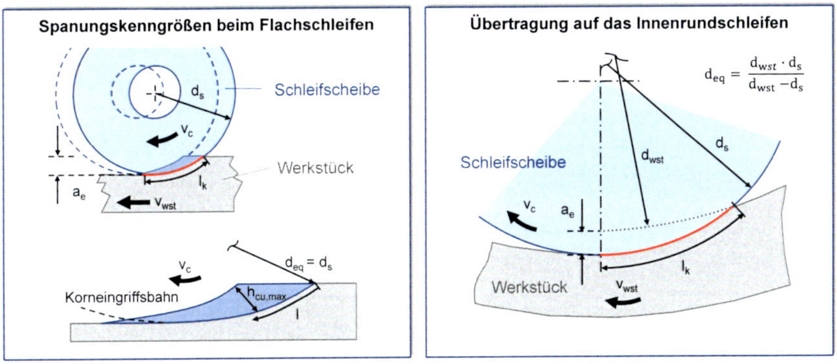

Bild 2-8: Geometrische Spanungskenngrößen in Schleifprozessen
Geometric Chip Parameters in Grinding Processes

Die Kontaktbogenlänge l_k zwischen Schleifscheibe und Werkstück wurde beispielsweise von MASSLOW für das Flachschleifen sowie das Außen- und Innenrundschleifen untersucht und durch **Formel (2-2)** beschrieben [MASS52].

$$l_k = \sqrt{d_{eq} \cdot a_e} \qquad (2\text{-}2)$$

l_k	[mm]	Kontaktbogenlänge	d_{eq}	[mm]	Äquivalenter Schleifscheibendurchmesser
a_e	[mm]	Zustellung			

Der äquivalente Schleifscheibendurchmesser d_{eq} ermöglicht eine Übertragung von Modellansätzen vom Flachschleifen auf das Außenrund- und das Innenrundschleifen und bildet die verschiedenen Kontaktlängen zwischen Schleifscheibe und Werkstück ab [ROWE14]. Die Berechnung des äquivalenten Schleifscheibendurchmessers erfolgt nach **Formel (2-3)** [WERN73].

$$d_{eq} = \frac{d_{wst} \cdot d_s}{d_{wst} \pm d_s} \tag{2-3}$$

d_{eq}	[mm]	Äquivalenter Schleifscheibendurchmesser	d_{wst}	[mm]	Werkstückdurchmesser
d_s	[mm]	Schleifscheibendurchmesser			

Ein positives Vorzeichen im Nenner entspricht dabei dem äquivalenten Schleifscheibendurchmesser beim Außenrundschleifen, beim Innenrundschleifen wird ein negatives Vorzeichen verwendet [ROWE14]. Beim konventionellen Flachschleifen nimmt der Werkstückdurchmesser d_{wst} unendliche Werte an und der äquivalente Schleifscheibendurchmesser d_{eq} stimmt mit dem tatsächlichen Schleifscheibendurchmesser d_s überein. Der äquivalente Schleifscheibendurchmesser kann ebenfalls dazu verwendet werden, die dynamische Schneidenanzahl N_{dyn} (siehe Kapitel 2.7.1) oder die Schleifkraft (siehe Kapitel 2.7.4) für die verschiedenen Schleifprozesse zu berechnen.

Neben der Kontaktbogenlänge ist die maximale Spanungsdicke $h_{cu,max}$ eine häufig verwendete geometrische Kenngröße zur Charakterisierung von Schleifprozessen. Die maximale Spanungsdicke $h_{cu,max}$ entspricht der maximal auftretenden Einzelkornspanungsdicke h_{cu} über der Eingriffsstrecke l, siehe Bild 2-8. Diese wird in verschiedenen Arbeiten mit **Formel (2-4)** angegeben [KASS69, WERN71, TÖNS92, MALK08].

$$h_{cu,max} = K_2 \cdot \left(\frac{1}{C_1}\right)^{\alpha_w} \cdot \left(\frac{v_{wst}}{v_c}\right)^{\alpha_w} \cdot \left(\frac{a_e}{d_{eq}}\right)^{\alpha_w/2} \tag{2-4}$$

$h_{cu,max}$	[mm]	Maximale Spanungsdicke	K_2	[1/mm²]	Koeffizient
C_1	[1/mm³]	Statische Schneidendichte	α_w	[-]	Exponentialfaktor
v_{wst}	[mm/min]	Werkstückgeschwindigkeit	v_c	[m/s]	Schnittgeschwindigkeit
a_e	[mm]	Zustellung	d_{eq}	[mm]	Äquivalenter Schleifscheibendurchmesser

Dabei sind K_2 und α_w ein Koeffizient und ein Exponentialfaktor, die je nach Quelle variieren. Die Formel für die Berechnung der Spanungsdicke $h_{cu,max}$ weist eine große Ähnlichkeit zur Formel der dynamischen Schneidenanzahl N_{dyn} auf. Es ist ersichtlich, dass die Prozessparameter außer der statischen Schneidendichte in vielen Modellierungsansätzen den gleichen Einfluss auf die Spanungsdicke wie auf die dynamische Schneidenanzahl haben und die beiden Kenngrößen somit proportional zueinander sind [TÖNS92].

Eine weitere geometrische Kenngröße zur Beschreibung von Schleifprozessen ist der Spanungsquerschnitt A_{cu}. Wie auch die Spanungsdicke h_{cu} variiert der Spanungsquerschnitt A_{cu} über der Eingriffsstrecke l. Für die Prozesscharakterisierung wird häufig der mittlere Spanungsquerschnitt $\overline{A_{cu}}$ verwendet. Die Berechnung des mittleren Spanungsquerschnitts $\overline{A_{cu}}$ erfolgt nach **Formel (2-5)** [KASS69, WERN71, WERN73].

$$\overline{A_{cu}}(l) = A_{cu,max} \cdot \left(\frac{l}{l_k}\right)^{1-\alpha_w} = \frac{2}{K_1} \cdot \left(\frac{K_s}{2 \cdot C_1^{e_w}}\right)^{\alpha_w} \cdot \left(\frac{v_{wst}}{v_c}\right)^{1-\alpha_w} \cdot \left(\frac{a_e}{d_{eq}}\right)^{(1-\alpha_w)/2} \cdot \left(\frac{l}{l_k}\right)^{1-\alpha_w} \tag{2-5}$$

$\overline{A_{cu}}$	[mm²]	Mittl. Spanungsquerschnitt	$A_{cu,max}$	[mm²]	Max. Spanungsquerschnitt
l	[mm]	Eingriffsstrecke	l_k	[mm]	Kontaktbogenlänge
α_w	[-]	Exponentialfaktor	K_1	[-]	Proportionalitätsfaktor
K_s	[-]	Schneidenformfaktor	C_1	[1/mm³]	Statische Schneidendichte
e_w	[-]	Exponentialfaktor	v_{wst}	[mm/min]	Werkstückgeschwindigkeit
v_c	[m/s]	Schnittgeschwindigkeit	a_e	[mm]	Zustellung
d_{eq}	[mm]	Äquivalenter Schleifscheibendurchmesser			

Die Formel zur Berechnung des Spanungsquerschnitts berücksichtigt die gleichen Einflussgrößen wie Formel (2-1) für die dynamische Schneidenanzahl und Formel (2-4) für die Spanungsdicke. Daraus ist ersichtlich, dass die gleichen Prozessparameter und Schleifscheibeneigenschaften einen zentralen Einfluss auf die geometrischen und topografischen Prozesskenngrößen aufweisen. Aus den geometrischen Prozesskenngrößen in Kombination mit den topografischen Prozesskenngrößen können wiederum weitere Prozessgrößen wie beispielsweise die Schleifkraft berechnet werden.

2.7.4 Schleifkraft

Grinding Force

Im Schleifprozess wird die Schleifkraft zwischen Schleifscheibe und Werkstück durch den Schleifvorgang verursacht [MALK08]. Die Schleifkraft wird meist in die beiden Hauptkomponenten Normalkraft F_n senkrecht zur Bauteiloberfläche und Tangentialkraft F_t in Richtung der Schnittgeschwindigkeit aufgeteilt [KLOC17b]. Je nach Prozesskinematik kann mit der Axialkraft F_a noch eine dritte Komponente auftreten. Die drei Kraftkomponenten sind senkrecht zueinander angeordnet und bilden gemeinsam den Schleifkraftvektor.

Die Kenntnis der Schleifkraft ist für die Vorhersage sowohl der thermischen Beeinflussung der Bauteilrandzone als auch der Beanspruchung und somit des Verschleißes der Schleifwerkzeuge notwendig [TÖNS92]. Daher spielt die Kenntnis der Schleifkraft eine entscheidende Rolle bei der wissensbasierten Prozessauslegung [BRIN91]. Ein Modell zur Vorhersage der Schleifkraft beim Kegelradschleifen existiert bislang nicht. Für die Kraftvorhersage bei Schleifprozessen kommt häufig das Schleifkraftmodell nach WERNER zum Einsatz [WERN71]. Dieses Modell basiert auf den zuvor vorgestellten topografischen und geometrischen Spanungskenngrößen. Ursprünglich wurde das

Modell für Flachschleifprozesse entwickelt. Bei der Berechnung nach WERNER wird die bezogene Schleifnormalkraft F'_n anhand der Kontaktbedingungen nach **Formel (2-6)** berechnet [WERN71].

$$F'_n = \int_0^{l_k} k \cdot \overline{A_{cu}}(l)^n \cdot N_{dyn}(l)dl \tag{2-6}$$

F'_n	[N/mm]	Bezogene Normalkraft	l_k	[mm]	Kontaktbogenlänge
k	[N/mm²]	Spezifische Schnittkraft	$\overline{A_{cu}}$	[mm²]	Mittlerer Spanungsquerschnitt
l	[mm]	Eingriffsstrecke	n	[-]	Exponentialfaktor
$N_{dyn}(l)$	[1/mm²]	Lokale dynamische Schneidenanzahl			

Hauptfaktoren bei der Kraftberechnung nach WERNER sind die spezifische Schnittkraft k, der mittlere Spanungsquerschnitt $\overline{A_{cu}}$ und die lokale dynamische Schneidenanzahl N_{dyn}. Die spezifische Schnittkraft ist werkstoffabhängig und wird in Schleifversuchen ermittelt. Der Spanungsquerschnitt und die dynamische Schneidenanzahl ergeben sich aus der Durchdringung von Schleifscheibe und Werkstück und werden von den Prozessparametern und den Schleifscheibeneigenschaften beeinflusst. Der Exponentialfaktor n wird ebenfalls in Schleifversuchen bestimmt. Dieser Koeffizient kann Werte $0 < n < 1$ annehmen und dient zur Berücksichtigung des degressiven Einflusses eines zunehmenden Spanungsquerschnitts auf die Schleifkraft. [WERN71]

Auch andere Wissenschaftler gelangten zu ähnlichen Formelzusammenhängen wie WERNER. In einer Übersichtsveröffentlichung von TÖNSHOFF ET AL. wurden daher mehrere vergleichbare Modellansätze zu einem Basismodell zusammengefasst [TÖNS92]. In diesem Basismodell kann die bezogene Schleifnormalkraft nach **Formel (2-7)** berechnet werden. Die Faktoren C_{wst} und C_s beinhalten dabei je nach Modellansatz unterschiedliche Eigenschaften von Werkstoff und Schleifscheibe. Zur Berücksichtigung instationärer Effekte, wie beispielsweise dem Einfluss des fortschreitenden Schleifscheibenverschleißes oder der Nachgiebigkeit, kann das Basismodell um das bezogene Zerspanungsvolumen V'_w oder zeitabhängige Konstanten erweitert werden [TÖNS92, BRIN06].

$$F'_n = C_{wst} \cdot C_s \cdot \left(\frac{v_{wst}}{v_c}\right)^{e_1} \cdot (a_e)^{e_2} \cdot \left(d_{eq}\right)^{e_3} \tag{2-7}$$

F'_n	[N/mm]	Bezogene Normalkraft	C_{wst}	[var.]	Faktor Werkstückeinfluss
C_s	[var.]	Faktor Werkzeugeinfluss	v_{wst}	[m/s]	Werkstückgeschwindigkeit
v_s	[m/s]	Schnittgeschwindigkeit	$e_{1/2/3}$	[-]	Exponentialfaktoren
a_e	[µm]	Zustellung	d_{eq}	[mm]	Äquivalenter Schleifscheibendurchmesser

Die Modellvorstellung, dass die Schleifkraft proportional zur Spanungsdicke und zum Spanungsquerschnitt ist, stimmt mit üblichen Kraftmodellen für die Zerspanung mit bestimmter Schneide überein, wie beispielsweise dem Modell nach KIENZLE [KIEN52].

Die gleiche Proportionalität wurde später auch in weiteren Schleifkraftmodellen für Schleifprozesse, wie von BOCK oder JANKOWSKI, zugrunde gelegt [BOCK87, JANK91]. In den Untersuchungen von GRINKO wurde zudem gezeigt, dass die Schleifkraft auch für das diskontinuierliche Profilschleifen von Verzahnungen proportional zum Spanungsquerschnitt ist [GRIN06]. Darüber hinaus wurde der Ansatz von WERNER und somit der Proportionalzusammenhang des Spanungsquerschnitts und der Schleifkraft durch SCHEFFLER (vormals HÜBNER) bereits auf das kontinuierliche Wälzschleifen von Verzahnungen übertragen [HÜBN15, SCHE19].

Neben der Proportionalität zu Spanungsdicke und Spanungsquerschnitt werden in anderen Schleifkraftmodellen auch weitere charakteristische Spanungskenngrößen als proportional zur Schleifkraft angenommen. So wurden jeweils von MASSLOW und BRÜCKNER Proportionalzusammenhänge zwischen dem pro Zeit zerspanten Volumen und der Schleifkraft festgestellt [MASS52, BRÜC62]. Der gleiche Proportionalzusammenhang konnte später auch von RÜTTI und KAMPKA für das Verzahnungshonen gezeigt werden [RÜTT00, KAMP17]. In der Arbeit von RÜTTI wird die Schleifkraft beispielsweise nach **Formel (2-8)** berechnet [RÜTT00].

$$F(t) = k_1 \cdot k_2 \cdot k_3 \cdot \frac{V(t)}{v_c(t)} \tag{2-8}$$

F(t)	[N]	Mom. Schleifkraft	k_1	[N/mm]	Faktor Schneidfreudigkeit
k_2	[-]	Faktor Werkzeugdeformation	k_3	[-]	Faktor Temperatur/KSS
V(t)	[mm³]	Mom. zerspantes Volumen	v_c	[m/s]	Schnittgeschwindigkeit

Alle zuvor genannten Modelle haben gemeinsam, dass sie auf den geometrischen Kontaktbedingungen basieren und keine Differenzierung nach Ursachen der Kraftentstehung vornehmen. Es ist jedoch bekannt, dass in Zerspanungsprozessen verschiedene Phasen der elastischen und plastischen Verformung sowie der Spanbildung durchlaufen werden [LORT75, KLOC17b]. Die auftretenden Mechanismen in den einzelnen Phasen verursachen verschiedene Kraftanteile, die zur gesamten Schleifkraft beitragen. Sowohl von LORTZ als auch von STEFFENS wurden Ansätze auf Basis von Gleitlinienfeldern vorgestellt, mithilfe derer die Schleifkraft in Anteile bedingt durch Reibung, Verformung und Scherung aufgeteilt wurde [LORT75, STEF83]. Kombiniert aus etablierten Modellansätzen der letzten Jahrzehnte wurde darüber hinaus sowohl von MALKIN als auch von LINKE ein Ansatz vorgeschlagen, um die Kraftkomponenten verursacht durch Reibung, Pflügen und Spanbildung einzeln zu berechnen und anschließend zur Gesamtkraft zu addieren [MALK08, LINK17]. In beiden Modellansätzen sind jedoch die einzelnen Kraftkomponenten ebenfalls proportional zu geometrischen Spanungskenngrößen wie dem bezogenen Zeitspanungsvolumen Q'_w, dem Spanungsquerschnitt A_{cu} oder der Spanungsdicke h_{cu}. Zudem wird von MALKIN angegeben, dass zur Abschätzung der Schleifkraft häufig empirische Formeln ausreichen, die beispielsweise eine Proportionalität mit dem Zeitspanungsvolumen annehmen [MALK08].

2.7.5 Nachgiebigkeit

Elasticity

Das Gesamtsystem aus Werkstück, Werkzeug und Werkzeugmaschine ist immer zu einem gewissen Grad nachgiebig [BOCK87, MALK08, ROWE14, BREC17a]. Die Nachgiebigkeit kann einen signifikanten Einfluss auf die effektiven Kontaktbedingungen sowie das effektiv zerspante Aufmaß und die effektive Spanungsdicke in Schleifprozessen haben [FÖLL85, MALK08, ROWE14, DIET17]. Dennoch wird der Einfluss der Nachgiebigkeit bei der Betrachtung von Schleifprozessen häufig vernachlässigt. Wird die Nachgiebigkeit bei der Abbildung von Fertigungsprozessen doch berücksichtigt, geschieht dies häufig mithilfe von Federmodellen [WERN71, ALLD94, MALK08, PAYR13, BREC17a]. Dabei werden die einzelnen Systemkomponenten durch Federn abgebildet und miteinander verbunden. Die Modellvorstellung der Systemnachgiebigkeit beim Außenrundschleifen nach MALKIN ist in **Bild 2-9** links dargestellt [MALK08].

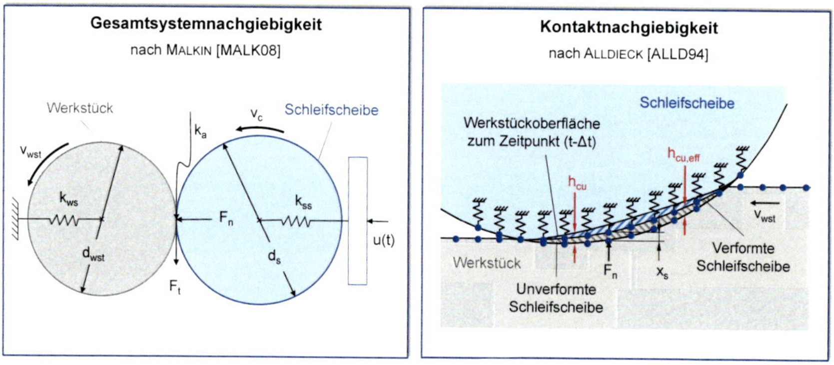

Bild 2-9: Nachgiebigkeit in Schleifprozessen [ALLD94, MALK08]
Elasticity in Grinding Processes [ALLD94, MALK08]

Nach MALKIN besteht das Gesamtsystem beim Schleifen aus in Reihe geschalteten Federn mit der Gesamtsteifigkeit k_e. Die Gesamtsystemnachgiebigkeit $1/k_e$ im Schleifprozess wird in die Nachgiebigkeit der Schleifspindel, der Werkstückspindel sowie der Kontaktzone unterteilt, siehe **Formel (2-9)** [MALK08]. Dabei entspricht die Komponentennachgiebigkeit dem Kehrwert der jeweiligen Steifigkeit.

$$\frac{1}{k_e} = \frac{1}{k_{ss}} + \frac{1}{k_{ws}} + \frac{1}{k_a} \tag{2-9}$$

k_e	[N/mm]	Gesamtsystemsteifigkeit	k_{ss}	[N/mm]	Schleifspindelsteifigkeit
k_{ws}	[N/mm]	Werkstückspindelsteifigkeit	k_a	[N/mm]	Kontaktsteifigkeit

Die Nachgiebigkeit der Kontaktzone ist zusammengesetzt aus den Nachgiebigkeiten von Werkstück und Schleifscheibe. Insbesondere Schleifscheiben mit keramischer Bindung werden häufig als spröde und wenig nachgiebig angenommen [KLOC17b].

Daher liegt der Fokus der Modellierung beim Einsatz keramisch gebundener Schleifscheiben meist auf der Maschinennachgiebigkeit und nicht auf der Kontaktnachgiebigkeit [BREC17c, DIET17]. In früheren Untersuchungen wurde jedoch bereits gezeigt, dass sich auch für das Verzahnungsschleifen übliche keramisch gebundene Schleifscheiben bei hohen Prozesskräften signifikant verformen können [SCHR18].

In manchen Federmodellen, wie dem Modell nach MALKIN, wird die Nachgiebigkeit der Schleifscheibe als einzelne Feder abgebildet [MALK08]. In dieser Modellvorstellung wird die Nachgiebigkeit von Schleifscheiben als linear-elastisch angenommen und durch den Elastizitätsmodul abgebildet [KÖNI85]. In alternativen Modellierungsansätzen, wie beispielsweise nach ALLDIECK, wird die Schleifscheibe als Scheibe mit gleichmäßig verteilten parallel geschalteten Federn an diskreten Stützstellen angenommen, siehe Bild 2-9 rechts [ALLD94]. In anderen Modellen werden die im Eingriff befindlichen Schneiden berücksichtigt und einzeln durch parallel geschaltete Federn oder Feder-Dämpfer-Elemente abgebildet [WERN71, STEF83, PAYR13]. Diese Federmodelle werden insbesondere dazu verwendet, die effektive Spanungsdicke oder das effektiv zerspante Aufmaß unter Berücksichtigung der Nachgiebigkeit zu bestimmen [WERN71, ALLD94, MALK08]. Nach ALLDIECK kann die effektive Spanungsdicke entsprechend **Formel (2-10)** berechnet werden, vergleiche Bild 2-9 rechts [ALLD94]

$$h_{cu,eff} = h_{cu} - x_S \qquad (2\text{-}10)$$

$h_{cu,eff}$	[mm]	Effektive Spanungsdicke	h_{cu}	[mm]	Theoretische Spanungsdicke
x_S	[mm]	Schleifscheibenverformung			

Neben der Abnahme der Spanungsdicke können sich jedoch auch weitere Kontaktbedingungen durch die Nachgiebigkeit verändern. So kann beim Flachschleifen eine signifikante Veränderung der Kontaktlängen durch die Nachgiebigkeit in der Kontaktzone verursacht werden [WERN71, SEPU80, STEF83, ROWE93]. Durch YAKARIA wurde zudem bereits für einen Verzahnungsfertigungsprozess abgebildet, wie sich die Kontaktbedingungen beim Verzahnungshonen unter Berücksichtigung der Nachgiebigkeit verändern [YAKA04]. Neben der Veränderung des makroskopischen Kontakts kann die Nachgiebigkeit einen Einfluss auf den Mikrokontakt haben. Durch die Nachgiebigkeit kann sich beispielsweise eine Abflachung der Schleifscheibe ergeben, die zu einer Zunahme der Anzahl an Körnern im Kontakt führt [ROWE14].

Die nachgiebigkeitsbedingten Veränderungen der Kontaktbedingungen können eine Rückwirkung auf den Prozess in Form einer Kraftänderung oder dynamischen Effekten verursachen. So wurde für das Verzahnungshonen gezeigt, dass zu großen Anteilen der Prozesszeit instationäre Kraftanstiege erfolgen, die auf die Nachgiebigkeit zurückgeführt wurden [KAMP17]. Die Auswirkungen der Nachgiebigkeit in Schleifprozessen werden häufig mithilfe von regelungstechnischen Systemen beschrieben [SCHI80, FÖLL85, ALLD94, HEIN09]. Dabei wird das Gesamtsystem als Regelkreis abgebildet, siehe **Bild 2-10** links. In diesem Regelkreis beschreibt der Vorwärtszweig die Systemnachgiebigkeit sowie die resultierende Verlagerung und der Rückwärtszweig die Rückwirkung der Verlagerung auf den Schleifprozess [HEIN09]. In diesen Regelkreisen kann der Einfluss der Nachgiebigkeit auf den zeitlichen Prozessverlauf beschrieben werden. Zur Abbildung zeitlicher Verzögerungen kommen hierbei unter anderem Totzeitglieder zum Einsatz.

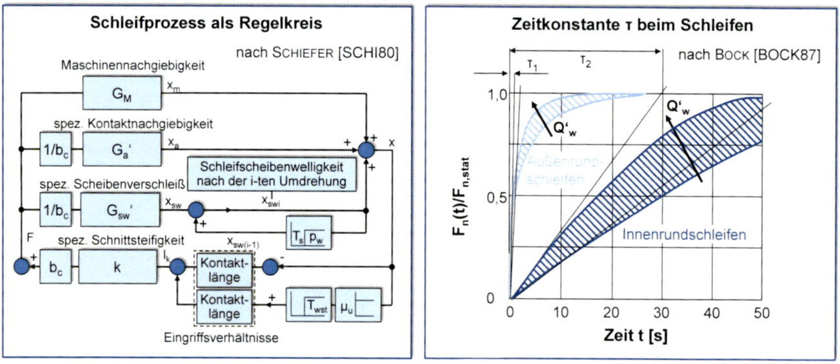

Bild 2-10: Einfluss der Nachgiebigkeit auf den Prozessverlauf [SCHI80, BOCK87]

Elasticity Influence on the Process Course [SCHI80, BOCK87]

Die Beschreibung nachgiebigkeitsbedingter zeitlicher Verzögerungen beim Schleifen kann durch ein regelungstechnisches Verzögerungsglied erfolgen. So kann beispielsweise der Anstieg der Schleifkraft nach **Formel (2-11)** beschrieben werden [SALJ74, BRAN78, BOCK94]. Dabei wird die Dauer des Kraftanstiegs mithilfe einer Zeitkonstante τ berechnet. Die Zeitkonstante τ ist die Zeit, die benötigt wird, um den maximalen Federweg des Gesamtsystems zu überwinden [BOCK87].

$$F_n'' = F_{n,0}'' + (F_{n,stat}'' - F_{n,0}'') \cdot \left(1 - e^{\frac{-t}{\tau}}\right) \qquad (2\text{-}11)$$

F_n''	[N/mm²]	Flächenbezogene Normalkraft	$F_{n,0}''$	[N]	Flächenbezogene Normalkraft zu Prozessbeginn
$F_{n,stat}''$	[N/mm²]	Flächenbezogene stationäre Normalkraft	t	[s]	Zeit
τ	[s]	Zeitkonstante			

In Abhängigkeit von der Gesamtsystemsteifigkeit, den Prozessparametern und den geometrischen Kontaktbedingungen ergeben sich unterschiedliche Zeitkonstanten und somit unterschiedliche Dauern des Kraftanstiegs [SALJ74, BRAN78, BOCK94, MALK08]. Wie in Bild 2-10 rechts dargestellt, können signifikante Zeitverzögerungen auftreten, bis die stationäre Normalkraft $F_{n,stat}$ im Schleifprozess erreicht wird. Neben der Schleifkraft kann die Zeitkonstante τ ebenfalls herangezogen werden, um den Zeitverlauf des effektiv zerspanten Aufmaßes zu berechnen [SALJ74, MALK08].

2.7.6 Fertigungssimulation mittels Durchdringungsrechnung

Manufacturing Simulation by Means of Penetration Calculation

Wie zuvor erläutert, sind die geometrischen Spanungskenngrößen eine Basis für die Kraftvorhersage in Zerspanprozessen. Insbesondere bei Verzahnungsfertigungsprozessen ist die analytische Ermittlung der geometrischen Spanungskenngrößen aufgrund der komplexen Prozesskinematik und Kontaktbedingungen kaum möglich [SCHA12]. Eine etablierte Möglichkeit zur Vorhersage der charakteristischen geometrischen Spanungskenngrößen in Verzahnungsfertigungsprozessen ist die numerische Durchdringungsrechnung, siehe **Bild 2-11**.

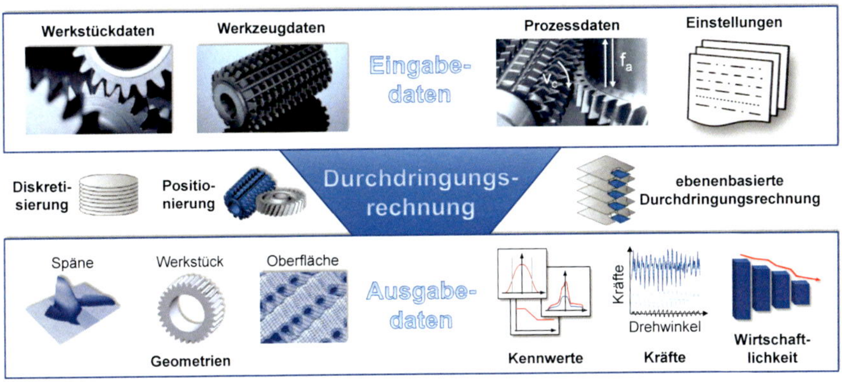

Bild 2-11: Fertigungssimulation mittels ebenenbasierter Durchdringungsrechnung
Manufacturing Simulation by means of Plane-based Penetration Calculation

Am WZL der RWTH Aachen wurden Modelle mit numerischer Durchdringungsrechnung bereits für das kontinuierliche Wälzfräsen [SULZ73, BOUZ81, WINK05] und Wälzschleifen [SCHE19] sowie für das Kegelradfräsen [RÜTJ10, MAZA21] entwickelt. In aktuellen Programmkonzepten für die Durchdringungsrechnung wird dabei das Werkstück in einzelne Ebenen diskretisiert, weshalb auch von einer ebenenbasierten Durchdringungsrechnung gesprochen werden kann [WINK05, MAZA19]. Als Eingangsdaten für die Fertigungssimulation mittels ebenenbasierter Durchdringungsrechnung müssen die Daten der zu erzeugenden Verzahnungsgeometrie sowie des zu verwendenden Werkzeugs vorgegeben werden. Die Prozesskinematik ist im Programm enthalten. Prozessparameter und weitere benötigte Prozessspezifikationen müssen vor Beginn der Simulation definiert werden. Zu Beginn der Fertigungssimulation werden Hüllkörper des Werkstücks sowie des Werkzeugs in Form von Punktewolken erzeugt. Der Hüllkörper des Werkstücks wird für die spätere Durchdringungsrechnung bereits zu Beginn in Ebenen diskretisiert [WINK05]. Die Abbildung der einzelnen Ebenen erfolgt durch Punkte, die im diskreten Abstand die Außenkontur der Ebenen darstellen.

Die Positionierung der diskretisierten Hüllkörper von Werkstück und Werkzeug zueinander erfolgt anschließend in diskreten Zeitschritten auf Basis der Prozesskinematik. Bei Kegelradfertigungsprozessen basiert die Abbildung der Prozesskinematik auf der Kinematik der virtuellen Verzahnmaschine, welche vom Aufbau her an ursprüngliche mechanische Kegelradfräsmaschinen erinnert [KLIN08]. Die Abbildung der virtuellen Verzahnmaschine erfolgt durch ein System von Rotationsmatrizen, welches die relative Positionierung von Werkstück und Werkzeug zueinander ermöglicht.

Im Anschluss an die Positionierung wird für jeden diskreten Zeitschritt die Durchdringung der Hüllkörper von Werkstück und Werkzeug bestimmt. Durch eine Projektion der Schneidkantenkontur des Werkzeugs auf die einzelnen Schnittebenen des Werkstücks wird die räumliche Durchdringung auf ein zweidimensionales Problem reduziert [MAZA19]. Es werden Schnittpunkte zwischen den Ebenen des Werkstücks und der projizierten Werkzeugkontur ermittelt. Darauf aufbauend erfolgt die Erzeugung des Spanungsquerschnitts und der neuen Zahnlückenkontur für die einzelnen Werkstückebenen. Das durchdrungene Volumen für jeden Schnitt wird aus den einzelnen Spanungsquerschnitten aller Ebenen zusammengesetzt. Anschließend erfolgt eine Neupositionierung von Zahnlücke und Werkzeug für das nächste Prozessinkrement, bis die Endposition erreicht ist.

Im Anschluss an die Fertigungssimulation mittels Durchdringungsrechnung können neben der resultierenden Verzahnungsgeometrie die charakteristischen geometrischen Spanungskenngrößen des Fertigungsprozesses ausgewertet werden. Diese können globale Kenngrößen über der Zeit oder lokale Kenngrößen über dem Werkzeugprofil oder über der Zahnflanke sein. Zudem ist die Bestimmung mittlerer und maximaler auftretender Werte möglich. Durch unterschiedliche Kenngrößen ermöglicht die Fertigungssimulation mittels Durchdringungsrechnung sowohl eine Abschätzung der Prozessproduktivität als auch der Belastung von Werkzeug und Werkstück. Darüber hinaus können die Spanungskenngrößen unmittelbar mit Kraftmodellen gekoppelt werden, wie für das Wälzfräsen und das Kegelradfräsen bereits umgesetzt [BOUZ81, GUTM88, RÜTJ10]. Auf diese Weise kann die Fertigungssimulation mittels Durchdringungsrechnung für die Prozessauslegung und für die Abschätzung der resultierenden Verzahnungsqualität und des Werkzeugverschleißes verwendet werden.

2.8 Fazit

Conclusion

Aufgrund zunehmend hoher Anforderungen an Zahnradgetriebe kann auf die Hartfeinbearbeitung von Verzahnungen in vielen Fällen nicht verzichtet werden. Die Hartfeinbearbeitung durch Schleifen ist wegen hoher erreichbarer geometrischer Genauigkeit und Oberflächengüte ein etablierter Fertigungsschritt zur Bearbeitung von Verzahnungen für unterschiedlichste Anwendungsfälle [BAUS06]. Kegelräder werden insbesondere bei hohen Anforderungen an die geometrische Genauigkeit, wie beispielsweise bei Fahrzeuggetrieben, geschliffen [STAD05b].

Im industriellen Umfeld erfolgt die Auslegung von Kegelradschleifprozessen in der Regel auf Basis von Erfahrung und empirischen Untersuchungen [WESS09]. Für die verwendeten Prozessparameter ist oft nicht bekannt, ob diese im Bereich der maximalen Produktivität liegen, bei der keine negative Bauteilbeeinflussung auftritt. Eine wissensbasierte Auslegung produktiver und stabiler Schleifprozesse kann auf Basis der Schleifkraft erfolgen. Die Kenntnis der Schleifkraft ist für die Vorhersage sowohl der thermischen Beeinflussung der Bauteilrandzone als auch der Beanspruchung und somit des Verschleißes der Schleifscheiben essentiell [TÖNS92]. Während für das diskontinuierliche Profilschleifen [SCHL04, GRIN06, GORG11] und das kontinuierliche Wälzschleifen [TÜRI06, STIM09, REIM14, DIET17] von Stirnrädern bereits umfassende Modelle zur Abbildung der Kontaktbedingungen zwischen Schleifwerkzeug und Werkstück, der Schleifkraft und der thermomechanischen Randzonenbeeinflussung existieren, besteht beim Kegelradschleifen ein Wissensdefizit.

Viele etablierte Kraftmodelle für verschiedene Fertigungsprozesse basieren auf geometrischen Prozesskenngrößen [KIEN52, MASS52, WERN71, BOCK87, JANK96, RÜTT00, GRIN06]. Dabei wird in der Regel angenommen, dass die Kraft im Prozess direkt proportional zu den geometrischen Prozesskenngrößen wie dem Spanungsquerschnitt oder dem Zeitspanungsvolumen ist. Nach heutigem Stand der Erkenntnisse werden die geometrischen Prozesskenngrößen beim Kegelradschleifen anhand bestehender Formeln jedoch lediglich theoretisch-mathematisch vereinfacht, über den Prozess gemittelt, betrachtet [KLIN08]. Der Einfluss von Verzahnungsgeometrie, Schleifscheibeneigenschaften, Exzenterbewegung und Prozessparametern auf die lokalen Kontaktbedingungen zwischen Werkstück und Schleifscheibe und somit auf die geometrischen Prozesskenngrößen sowie die Schleifkraft ist nicht genau bekannt.

Eine Besonderheit des Tauchschleifens von Kegelrädern ist, dass der Krümmungsradius der Schleifscheibe nahezu identisch zum Krümmungsradius der jeweils zu bearbeitenden Zahnflanke in Zahnbreitenrichtung ist. Daher kann bereits eine geringe Verformung von Schleifscheibe oder Zahnflanke zu einer signifikanten Veränderung der geometrischen Kontaktbedingungen führen. Zudem werden beim Tauchschleifen von Kegelrädern die gleichen Bereiche der Flanke wiederholt mit zunehmender Zustellung bearbeitet. Aus diesen Gründen wird basierend auf dem Stand der Technik angenommen, dass bei dieser Prozessvariante ein signifikanter Einfluss der Nachgiebigkeit des Systems Werkstück-Werkzeug-Werkzeugmaschine auf die effektiv auftretenden Spanungskenngrößen und die Schleifkraft auftreten wird [DIET17, KAMP17, SOLF17]. Wenn das System Werkstück-Werkzeug-Werkzeugmaschine im Prozess elastisch nachgibt, weicht das tatsächlich zerspante Aufmaß vom theoretisch zerspanten Aufmaß ab [BOCK87].

Da sich die Prozesskinematik und die Kontaktbedingungen insbesondere beim Tauchschleifen von Kegelrädern von konventionellen Schleifprozessen unterscheiden und von einem signifikanten Einfluss der Nachgiebigkeit auf die Schleifkraft auszugehen ist, soll der Fokus in dieser Arbeit auf dieser Prozessvariante liegen. Ein Modell zur

Abbildung der beim Kegelradschleifen auftretenden geometrischen Kontaktbedingungen existiert bislang nicht. Zur Vorhersage der Schleifkraft muss daher zunächst ein Modell zur Abbildung der geometrischen Kontaktbedingungen aufgebaut und anschließend ein Modellierungsansatz zur Kraftvorhersage ermittelt werden.

3 Zielsetzung und Vorgehensweise

Objective and Approach

Kegelräder werden häufig mittels Schleifen hartfeinbearbeitet. Eine effiziente Auslegung produktiver Schleifprozesse kann auf Basis der Schleifkraft erfolgen, welche ein Kennwert für die Belastung sowohl des Werkstücks als auch der Schleifscheibe im Schleifprozess ist [TÖNS92]. Die Kenntnis der Schleifkraft spielt daher eine wichtige Rolle bei der wissensbasierten Prozessauslegung. Bislang existiert für das Kegelradschleifen kein Modell zur Vorhersage der Schleifkraft.

Das *Ziel dieser Arbeit* ist die Entwicklung eines Modells zur lokal und zeitlich aufgelösten Vorhersage der Schleifkraft beim Tauchschleifen von Kegelrädern. Grundlage der Kraftberechnung ist die lokale und zeitlich aufgelöste Ermittlung der effektiven Kontaktbedingungen zwischen Kegelrad und Schleifscheibe und der daraus resultierenden Spanungskenngrößen. Die *wissenschaftlichen Herausforderungen* dieser Arbeit sind die Bestimmung der effektiven Spanungskenngrößen unter Berücksichtigung der komplexen Kontaktbedingungen sowie des Nachgiebigkeitseinflusses, die Erfassung des lokalen und zeitlichen Schleifkraftverlaufs sowie die Ermittlung eines geeigneten Modells zur Schleifkraftvorhersage beim Tauchschleifen von Kegelrädern. Die *Originalität der Methode* liegt darin, dass durch die Entwicklung eines auf den Kontaktbedingungen basierenden Modells unter Berücksichtigung der Nachgiebigkeit erstmals die Schleifkraft beim Tauchschleifen von Kegelrädern lokal und zeitlich aufgelöst vorhergesagt werden kann. Das Schleifkraftmodell kann eine effiziente wissensbasierte Auslegung produktiver Kegelradschleifprozesse unterstützen, wodurch sich großer wirtschaftlich-technischer Nutzen ergibt. Der vorliegenden Arbeit liegt die folgende Forschungshypothese zugrunde.

Forschungshypothese: Basierend auf den effektiv auftretenden geometrischen Spanungskenngrößen kann ein Modell zur Vorhersage der lokal und zeitlich aufgelösten Schleifkraft beim Tauchschleifen von Kegelrädern entwickelt werden.

Zur Verifizierung der Forschungshypothese sind die folgenden vier Forschungsfragen zu beantworten:

1. Wie können die theoretischen geometrischen Spanungskenngrößen beim Kegelradschleifen lokal und zeitlich aufgelöst ermittelt werden?
2. Wie kann der lokale und zeitliche Verlauf der einzelnen Schleifkraftkomponenten beim Tauchschleifen von Kegelrädern erfasst werden?
3. Wie können die Systemnachgiebigkeit und ihr Einfluss auf die geometrischen Spanungskenngrößen beim Tauchschleifen von Kegelrädern bestimmt und modelliert werden?
4. Wie kann ein Modell zur Vorhersage der lokal und zeitlich aufgelösten Schleifkraft beim Tauchschleifen von Kegelrädern unter Berücksichtigung der effektiv auftretenden geometrischen Spanungskenngrößen abgeleitet werden?

Grundlage für die Schleifkraftmodellierung beim Kegelradschleifen sind die geometrischen Kontaktbedingungen zwischen der Schleifscheibe und den beiden Zahnflanken. Zur Bestimmung der geometrischen Kontaktbedingungen zwischen Schleifscheibe und Tellerrad soll im vierten Kapitel eine numerische Durchdringungsrechnung zur Abbildung des Kontakts unter Berücksichtigung der Exzenterbewegung entwickelt werden. Diese ermöglicht die Analyse der Kontaktbedingungen sowie die Ausgabe lokaler und zeitlich aufgelöster theoretischer Spanungskenngrößen, wie beispielsweise der Kontaktfläche oder des momentanen Zeitspanungsvolumens und somit die Beantwortung der *ersten Forschungsfrage*.

Beim Tauchschleifen von Kegelrädern ist die ortsbezogene Erfassung der Schleifkraft durch den zeitlich versetzten und unterschiedlichen Eingriff auf den beiden Zahnflanken sowie die komplexen geometrischen Bedingungen stark erschwert. Die großen Bauteildurchmesser sowie die weit vom Mittelpunkt des Kegelrads und der Aufspannung angreifenden Kräfte verkomplizieren die Erfassung der Schleifkraft im Prozess zusätzlich. Aus diesem Grund wird im fünften Kapitel dieser Arbeit ein Analogieversuch entwickelt, der die Kontaktbedingungen beim Tauchschleifen von Kegelrädern vereinfacht wiedergibt und die separate Analyse einzelner Effekte ermöglicht. Im Analogieversuch wird anschließend der Einfluss der Kontaktgeometrie, der Prozessparameter sowie der Schleifscheibeneigenschaften auf den lokalen und zeitlichen Schleifkraftverlauf ermittelt, wodurch die *zweite Forschungsfrage* beantwortet wird.

Im sechsten Kapitel wird ein Ansatz ermittelt, um den Einfluss der Nachgiebigkeit des Gesamtsystems auf die geometrischen Kontaktbedingungen zu berücksichtigen und somit die effektiv auftretenden Spanungskenngrößen zu bestimmen. Dadurch wird die *dritte Forschungsfrage* beantwortet. Anschließend wird im siebten Kapitel ein Modell entwickelt, welches die lokal und zeitlich aufgelöste Berechnung der Schleifkraft aus den effektiv auftretenden Spanungskenngrößen im Analogieversuch zum Tauchschleifen von Kegelrädern ermöglicht. Das Kraftmodell wird mithilfe der zuvor durchgeführten Analogieversuche parametriert.

Im Anschluss an die Modellbildung wird das entwickelte Schleifkraftmodell im achten Kapitel auf das Tauchschleifen von Kegelrädern übertragen. Dazu muss zunächst die Nachgiebigkeit im Prozess ermittelt und das Modell aus dem Analogieversuch an das Tauchschleifen angepasst werden. Anschließend erfolgt die Einbindung des Schleifkraftmodells in die numerische Durchdringungsrechnung. Auf diese Weise wird die lokale und zeitlich aufgelöste Vorhersage der Schleifkraft beim Tauchschleifen von Kegelrädern möglich und somit die *vierte Forschungsfrage* beantwortet. Im neunten Kapitel wird abschließend anhand von Messungen die Anwendbarkeit des Modells zur Vorhersage der Schleifkraft beim Tauchschleifen von Kegelrädern überprüft.

4 Analyse und Abbildung der Kontaktbedingungen

Analysis and Modeling of Contact Conditions

Viele etablierte Kraftmodelle für verschiedene Fertigungsprozesse basieren auf den Kontaktbedingungen zwischen Werkstück und Werkzeug und den daraus resultierenden geometrischen Spanungskenngrößen [KIEN52, MASS52, WERN71, BOCK87, JANK96, RÜTT00, GRIN06]. Bei Verzahnungsfertigungsprozessen sind die Kontaktbedingungen häufig komplex und nicht trivial geometrisch zu ermitteln. Aus diesem Grund kommen der Analyse und der Abbildung der Kontaktbedingungen sowie der geometrischen Spanungskenngrößen eine wichtige Bedeutung zu. Im Folgenden wird ein Simulationsmodell zur Berechnung der Spanungskenngrößen im Kegelradschleifprozess am Beispiel eines konkreten Anwendungsfalls vorgestellt.

4.1 Betrachteter Anwendungsfall

Considered Use Case

Im Rahmen dieser Arbeit wird der konkrete Anwendungsfall eines Kegelradsatzes verwendet. Dieser wird sowohl zur Veranschaulichung des Simulationsmodells, zur Analyse der Spanungskenngrößen als auch zur Validierung des Schleifkraftmodells herangezogen. Bei dem betrachteten Anwendungsfall handelt es sich um einen Kegelradsatz, der bei der Firma Scania CV AB in Södertälje, Schweden, in Serie gefertigt wird, siehe **Bild 4-1**.

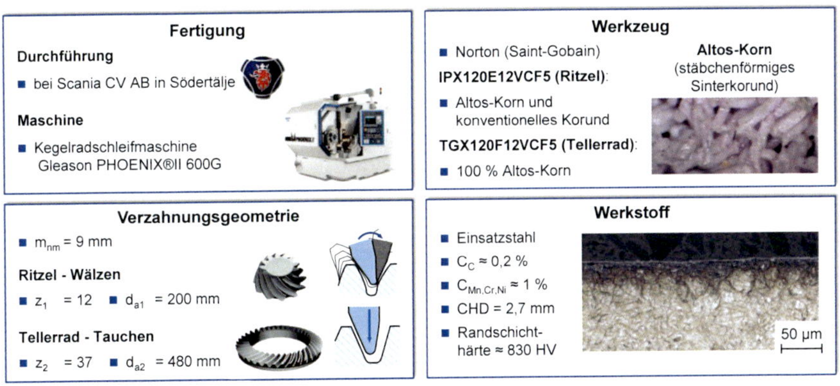

Bild 4-1: Betrachteter Anwendungsfall aus der industriellen Kegelradfertigung
Considered Use Case from Industrial Bevel Gear Manufacturing

Die Schleifbearbeitung von Tellerrad und Ritzel erfolgt auf Kegelradschleifmaschinen vom Typ Gleason PHOENIX®II 600G. Bei dem Verzahnungsfall handelt es sich um einen Kegelradsatz aus einem LKW-Achsgetriebe aus Einsatzstahl mit einem mittleren Normalmodul von m_{nm} = 9 mm, einer Ritzelzähnezahl von z_1 = 12 und einer Tellerradzähnezahl von z_2 = 37 Zähnen. Die Schleifbearbeitung des Ritzels erfolgt wälzend und die des Tellerrads im modifizierten Tauchprozess (Vektorvorschub) mit Exzenterbewegung ohne Bearbeitung des Zahnfußes.

Beim Schleifen werden Topfschleifscheiben der Firma Saint-Gobain eingesetzt. Im betrachteten Fertigungsprozess wurde zum Kegelradschleifen im Wälzverfahren eine Schleifscheibenspezifikation IPX120E12VCF5 mit einer Mischung aus stäbchenförmigem Sinterkorund (Altos-Korn) und konventionellem Korund in einer keramischen Bindung eingesetzt. Das Tauchschleifen wurde mit einer Schleifscheibe der Spezifikation TGX120F12VCF5 aus stäbchenförmigem Sinterkorund (Altos-Korn) durchgeführt.

4.2 Numerisches Simulationsmodell des Kegelradschleifens

Numerical Simulation Model of Bevel Gear Grinding

Die Ermittlung der Kontaktbedingungen beim Kegelradschleifen erfolgt mithilfe eines numerischen Simulationsmodells der Prozesskinematik inklusive Werkstück und Schleifscheibe in Form einer Durchdringungsrechnung. Aus der Abbildung der Prozesskinematik und der daraus resultierenden Kontaktbedingungen können die geometrischen Spanungskenngrößen bestimmt werden. Das numerische Simulationsmodell des Kegelradschleifprozesses sowie die ermittelten Spanungskenngrößen werden im Folgenden vorgestellt.

4.2.1 Vorstellung des numerischen Simulationsmodells

Introduction to the Numerical Simulation Model

Wie auch die numerischen Simulationsmodelle des Wälzfräsens SPARTAPRO sowie des Kegelradfräsens BEVELCUT verwendet das am WZL der RWTH Aachen entwickelte Simulationsmodell des Kegelradschleifens BEVELGRIND eine ebenenbasierte Durchdringungsrechnung. Da Kegelradschleifen ausschließlich im Einzelteilverfahren durchgeführt wird, ist in dem Simulationsmodell die Abbildung der Bearbeitung einer einzelnen Zahnlücke ausreichend. Hinsichtlich der Prozesskinematik können, neben klassischem Tauchen und Wälzen, Vorschubrampen sowie modifiziertes Tauchen und eine überlagerte Exzenterbewegung nach WAGURI [WAGU62] abgebildet werden. Der Ablauf der Simulation ist in **Bild 4-2** dargestellt.

Als Werkstück für die Modellierung des Kegelradschleifens wird die Geometrie eines vorverzahnten Kegelrads benötigt. Diese kann entweder mit der Kegelradfrässimulation BEVELCUT oder durch die Durchführung eines Tiefschleifprozesses mit der Kegelradschleifsimulation BEVELGRIND erzeugt werden. In beiden Fällen entspricht die resultierende Kegelradgeometrie einer in Ebenen diskretisierten Punktewolke. Für die Modellierung des Kegelradschleifens müssen anschließend die vorverzahnte diskretisierte Kegelradgeometrie sowie ein Klingelnberg Neutraldatensatz eingeladen werden. Klingelnberg Neutraldaten werden bei der Auslegung von Kegelrädern mit der Klingelnberg-Auslegungssoftware KIMoS erzeugt. Die Neutraldaten umfassen Informationen zur Geometrie des Kegelrads und der Schleifscheibe sowie der Prozesskinematik. Anhand des in den Neutraldaten vorgegebenen Schleifscheibenprofils wird anschließend ein diskretisiertes Schleifscheibensegment in Form eines Hüllkörpers berechnet.

Der wichtigste Bestandteil des numerischen Simulationsmodells für den Kegelradschleifprozess ist die Durchdringungsrechnung. Eine vorverzahnte Zahnlücke des importierten Werkstücks und die Schleifscheibe werden anhand der Maschinen- und Prozesskinematik inkrementell relativ zueinander positioniert. Anschließend erfolgt die Projektion des Schleifscheibenprofils auf die einzelnen Ebenen des Werkstücks. Daraus werden Schnittpunkte zwischen den Ebenen der Zahnlücke und dem Schleifscheibenprofil ermittelt. Mithilfe der Schnittpunkte erfolgt die Erzeugung des Spanungsquerschnitts und der neuen Zahnlückengeometrie für die einzelnen Zahnlückenebenen. Anschließend erfolgt eine Neupositionierung von Zahnlücke und Schleifscheibe für das nächste Prozessinkrement, bis die volle Zustellung erreicht ist.

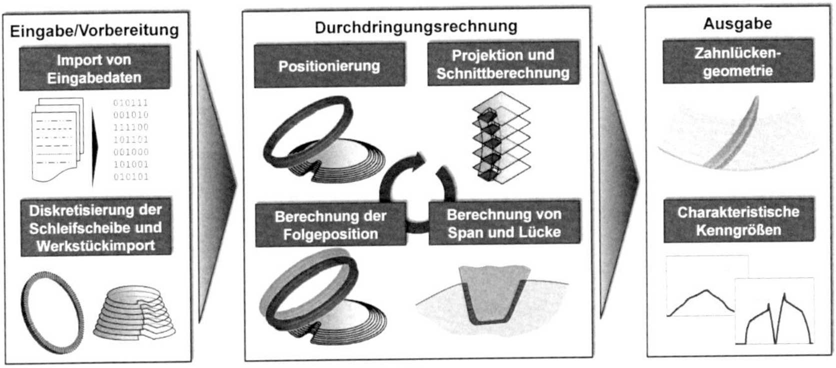

Bild 4-2: Numerische Modellierung des Kegelradschleifprozesses
Numerical Model of Bevel Gear Grinding Process

Im Anschluss an die Durchdringungsrechnung erfolgt die Auswertung der charakteristischen Spanungskenngrößen des Kegelradschleifprozesses. Die Spanungskenngrößen werden entweder über der Prozesszeit, dem Schleifscheibenprofil oder der Zahnflanke ausgewertet. Im Folgenden erfolgt die detailliertere Vorstellung, welche charakteristischen Kenngrößen aus der Kegelradschleifsimulation ermittelt werden können, am Beispiel eines industriellen Anwendungsfalls.

4.2.2 Modellierte Spanungskenngrößen

Modeled Chip Parameters

Mithilfe der Modellierung des Kegelradschleifens können aus der Durchdringung zwischen Schleifscheibe und Kegelrad verschiedene Prozesskenngrößen ermittelt werden. In **Bild 4-3** sind die geometrischen Kontaktkenngrößen Kontaktfläche A_k und Kontaktbogenlänge l_k für das Tauchschleifen von Kegelrädern dargestellt. Auf der rechten Seite ist der Verlauf der Kontaktfläche über der Bearbeitung einer Lücke zu sehen, der stark von der Exzenterbewegung beeinflusst wird. Zunächst gelangt die Schleifscheibe beim Tauchen nur mit der konkaven Zahnflanke in Kontakt, wodurch der erste Anstieg der Kontaktfläche resultiert. Eine Exzenterumdrehung später ergibt sich ebenfalls ein Kontakt auf der konvexen Zahnflanke. Pro Exzenterumdrehung ergeben sich zwei Spitzen der Kontaktfläche, jeweils ein Kontakt auf der konkaven und ein Kontakt auf der konvexen Zahnflanke. In der Zwischenzeit ist die Schleifscheibe mit keiner der Flanken im Kontakt.

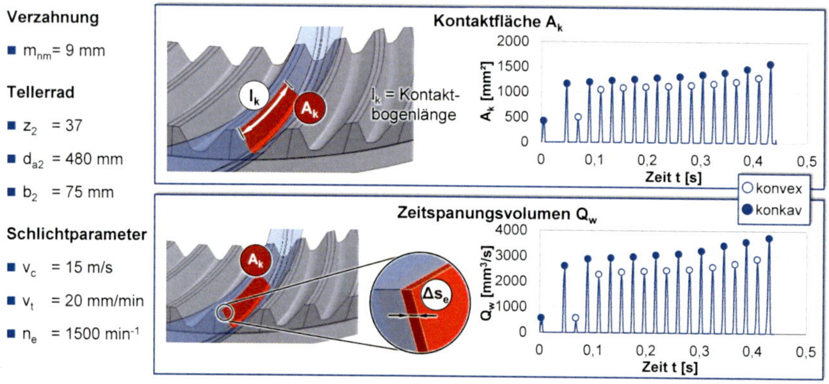

Bild 4-3: Kontaktbedingungen beim Tauchschleifen von Kegelrädern
Contact Conditions in Plunge Grinding of Bevel Gears

Neben reinen Kontaktkenngrößen kann aus dem Simulationsmodell des Kegelradschleifprozesses auch das zerspante Volumen bestimmt werden. Eine der Volumenkenngrößen ist das Zeitspanungsvolumen Q_w, welches dem pro Zeit insgesamt zerspanten Volumen entspricht, siehe Bild 4-3 unten. Wie bereits die Kontaktfläche wird auch das zerspante Volumen von der Exzenterbewegung beeinflusst. Aus den Simulationsergebnissen ist ersichtlich, dass das Zeitspanungsvolumen nur noch wenig zunimmt, sobald die Schleifscheibe mit beiden Zahnflanken in Kontakt ist.

Mit dem Simulationsmodell kann ebenfalls das lokal zerspante Volumen für einen Punkt des Schleifscheibenprofils bestimmt werden. Dieses gibt an, welches Volumen pro Zeit von welchem Bereich des Schleifscheibenprofils zerspant wird. In **Bild 4-4** ist das im zeitlichen Mittel zerspante Volumen über dem Schleifscheibenprofil aufgetragen. Dieser Kennwert kann Aufschluss darüber geben, in welchem Bereich die Schleifscheibe wahrscheinlich am schnellsten verschleißen wird.

Aus den Simulationsergebnissen ist ersichtlich, dass die Schleifscheibenaußenseite im Bereich der konkaven Flanke mehr Material zerspant als die Schleifscheibeninnenseite. Die größten Anteile des Zerspanvolumens liegen im Übergang von der Schleifscheibenaußenseite zur Schleifscheibenspitze vor. Die erhöhte Materialzerspanung auf der konkaven Flanke gegenüber der konvexen Flanke ergibt sich aus der Aufmaßdefinition im Kegelradauslegungsprogramm. Hier erfolgt die Aufmaßdefinition senkrecht zur Schleifscheibenmittelachse. Aus diesem Grund ist der Betrag des Aufmaßes senkrecht zur Zahnflanke abhängig von den jeweiligen Flankenwinkeln der Schleifscheibe relativ zur Mittelachse.

Zur Bestimmung der Zahnflankenbelastung können das mittlere und das maximale pro Sekunde zerspante Aufmaß $\Delta\dot{s}$ für jeden Punkt der Zahnflanken bestimmt werden. In Bild 4-4 unten ist für die konvexe und konkave Flanke der lokale Maximalwert über der Flanke aufgetragen. Für nahezu die gesamte konvexe und konkave Flanke liegen ähnliche Maximalwerte $\Delta\dot{s}_{max,kx}$ = 6,2 mm/s bzw. $\Delta\dot{s}_{max,kv}$ = 6,9 mm/s vor. Nur der zahnfußnahe Bereich weist mit $\Delta\dot{s}_{max,kx}$ = 8,11 mm/s bzw. $\Delta\dot{s}_{max,kv}$ = 9,19 mm/s etwas erhöhte Werte auf. Dies ist durch die Kontaktbedingungen beim Tauchschleifen von Kegelrädern bedingt, die in Bild 4-4 oben links dargestellt sind. Über einem Großteil der Zahnhöhe ist die Schleifscheibe ab Beginn des Prozesses in Kontakt und die Zerspanung erfolgt dort gleichmäßig. Der untere Flankenbereich wird erst gegen Ende der Prozesszeit bearbeitet. Dieser Bereich wird durch den Eckenradius der Schleifscheibe bearbeitet, an dem aufgrund des Winkels zwischen Tauchvorschubvektor und Flanken eine erhöhte Zustellung resultiert. Die zeitlichen Mittelwerte liegen mit $\Delta\dot{s}_{m,kx}$ = 0,08 mm/s bzw. $\Delta\dot{s}_{m,kv}$ = 0,09 mm/s deutlich niedriger als die Maximalwerte. Dies liegt am durch die Exzenterbewegung lokal begrenzten Kontakt zwischen Schleifscheibe und Zahnflanke. Da auf allen Punkten der Flanke nahezu gleich viel Material zerspant wird, sind die zeitlichen Mittelwerte gleichmäßig verteilt.

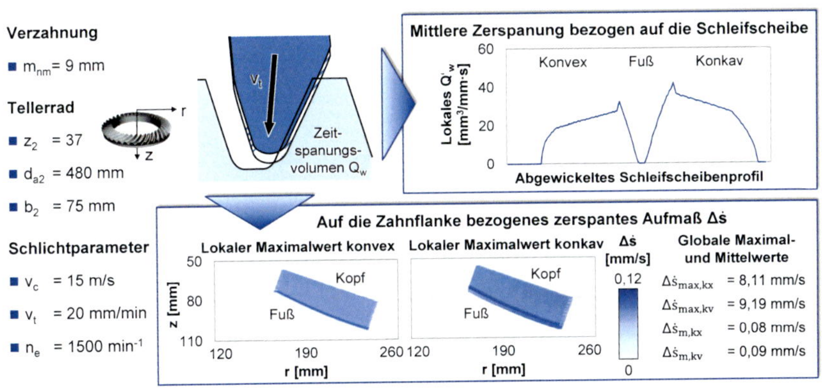

Bild 4-4: Zerspanung auf die Schleifscheibe und die Flanke bezogen
Material Removal related to the Grinding Wheel and the Flank

Insgesamt konnte gezeigt werden, dass mit dem Simulationsmodell unterschiedliche charakteristische Prozesskenngrößen für das Tauchschleifen von Kegelrädern ermittelt werden können. Diese werden als Grundlage für weitere Vorhersagemodelle für die Schleifkraft oder den Schleifscheibenverschleiß in Kegelradschleifprozessen benötigt. Im Folgenden soll verifiziert werden, ob das numerische Simulationsmodell ausreichend genau ist, um eine Vorhersage relevanter Kenngrößen zu ermöglichen.

4.2.3 Geometrische Verifizierung des numerischen Simulationsmodells

Geometric Verification of the Numerical Simulation Model

Das numerische Simulationsmodell des Kegelradschleifprozesses soll zur Vorhersage der charakteristischen Prozesskenngrößen verwendet werden. Um eine genaue Vorhersage zu ermöglichen, muss sichergestellt werden, dass das Simulationsmodell die geometrischen Zusammenhänge ausreichend exakt abbilden kann. Die Verifizierung der Vorhersage erfolgt mittels eines Vergleichs der mit dem Simulationsmodell berechneten Zahnflankengeometrie mit der Idealgeometrie. Im Folgenden wird eine Methode vorgestellt, welche an die zuvor für die Verifizierung der Kegelradfrässimulation BEVELCUT verwendete Vorgehensweise angelehnt ist [KLOC17c, MAZA19].

Als Eingabedaten für die Verifizierung werden die simulierte Zahnlücke sowie Sollmessdaten benötigt, wie in **Bild 4-5** dargestellt. Die simulierte Zahnlücke ist Ergebnis der zuvor vorgestellten Fertigungssimulation BEVELGRIND. Die Sollmessdaten werden bei der Kegelradauslegung mit kommerzieller Software erzeugt und stellen die Idealgeometrie der Kegelradflanken dar. Daher dienen Sollmessdaten als Idealvorgabe bei der Messung von Kegelrädern auf Verzahnungsmesszentren. Die modellierten Zahnflanken sowie auch die Sollmessdaten liegen in Form von Punktewolken vor. Dabei bildet die Simulation die ganze Zahnlücke ab, die Sollmessdaten jedoch nur die Zahnflanken. Sowohl die Ergebnisdatei der modellierten Zahnlücke als auch Sollmessdaten enthalten zudem Normalenvektoren zu jedem Punkt.

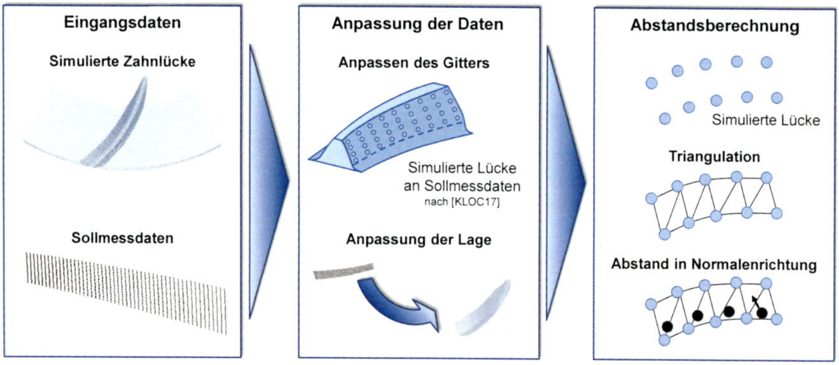

Bild 4-5: Vorgehensweise bei der Verifizierung der Simulation des Kegelradschleifens
Verification Procedure for the Simulation of Bevel Gear Grinding

Der Vergleich wird dadurch erschwert, dass die Verteilung der Punkte der modellierten Zahnlücke unregelmäßig ist, wohingegen die Sollmessdaten in einem Gitter angeordnet sind. Um den Vergleich mit ausreichender Genauigkeit zu ermöglichen, wird mithilfe einer Interpolationsmethode in Anlehnung an KLOCKE ET AL. das Punktegitter der simulierten Zahnlücke an das Punktegitter der Sollmessdaten angepasst [KLOC17c].

Die simulierte Zahnlücke sowie die in den Sollmessdaten abgebildeten Zahnflanken sind jedoch unterschiedlich im Raum orientiert. Dabei sind die Zahnflanken in den Sollmessdaten so angeordnet, dass sie sich im Zahnflankenmittelpunkt überschneiden. Um einen Vergleich zwischen den Punktewolken zu ermöglichen, müssen die Sollmessdaten rotiert und an die Ausrichtung des Modells angeglichen werden.

Im Anschluss an die Anpassung der Anordnung und der Ausrichtung des Punktegitters erfolgt der Vergleich zwischen den Punktewolken mittels einer Abstandsberechnung. Dazu werden die Datenpunkte der simulierten Zahnlücke zunächst trianguliert. Dies bedeutet, dass jeweils drei benachbarte Datenpunkte zu einem Dreieck verbunden werden, das anschließend durch eine Ebene angenähert wird. Bei hoher Punktedichte weicht die Abbildung der gekrümmten Zahnflanke durch Dreiecke nur geringfügig von der realen Zahnflanke ab. Die Abstandsberechnung erfolgt anschließend ausgehend von den Sollmessdaten. Von jedem Punkt der Sollmessdaten wird eine Gerade in Normalenrichtung konstruiert. Der Abstand zwischen dem Punkt der Sollmessdaten und dem Durchstoßpunkt der Geraden durch das nächste Dreieck entspricht dem Abstand der Sollmessdaten von der simulierten Zahnflanke. Bei ausreichend genauer Modellierung des Kegelradschleifprozesses sollte der maximale Abstand deutlich unter einem Mikrometer liegen.

Das Ergebnis der Verifizierung für die Simulation des Tauchschleifens ist in **Bild 4-6** dargestellt. Links sind die Abweichungen für die konvexe Flanke, rechts für die konkave Flanke dargestellt. Die Abweichungen sind entsprechend des Sollmessgitters mit 31x31 Punkten angeordnet und in verschiedenen Farben gekennzeichnet. Helle Farben entsprechen einer betragsmäßig geringen, dunkele Farben einer hohen Abweichung zwischen Simulation und Sollmessdaten.

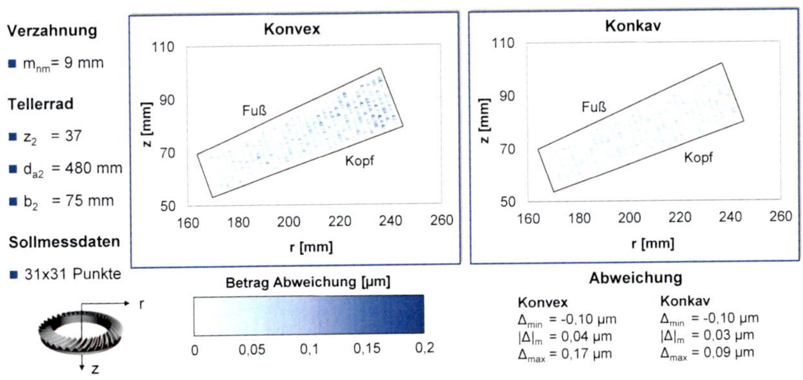

Bild 4-6: Ergebnis der Verifizierung für das Tauchschleifen von Kegelrädern
Result of the Verification for Plunge Grinding of Bevel Gears

Die größte auftretende Abweichung auf der konvexen Tellerradflanke beträgt Δ_{max} = 0,17 µm. Der Mittelwert des Abweichungsbetrags liegt bei $|\Delta|_m$ = 0,04 µm. Auf der konkaven Flanke liegt die betragsmäßig höchste Abweichung mit Δ_{min} = -0,10 µm niedriger als auf der konvexen Flanke. Die mittlere betragsmäßige Abweichung ist mit $|\Delta|_m$ = 0,03 µm etwas geringer.

Durch die Gegenüberstellung mit den Sollmessdaten wurde gezeigt, dass die Modellierung des Tauchschleifens von Kegelrädern mit hoher Genauigkeit erfolgt. Die Berechneten Abweichungen sind von der Diskretisierung der Schleifscheibe und des Werkstücks, der Größe des gewählten Zeitinkrements sowie der Punktdichte der Sollmessdaten abhängig. Für das Wälzschleifen von Kegelrädern wurden trotz der stärkeren Flankenkrümmung und der überlagerten Wälzbewegung nahezu übereinstimmende Abweichungen ermittelt, siehe Anhang (Bild IV-1) [SOLF20]. Daher ist anzunehmen, dass die Abweichungen aus der numerischen Ungenauigkeit der Simulation und der Abstandsberechnung und nicht aus einer fehlerhaften Abbildung der Prozesskinematik resultieren. Die Genauigkeit ist zudem durch die Genauigkeit der Sollmessdaten begrenzt. Diese werden in Millimetern mit vier Nachkommastellen angegeben. In der Größenordnung von Hundertstel Mikrometern wird daher gerundet. Aus diesem Grund sind Abweichungen von Δ_{max} = 0,05 µm allein durch die Rundung der Sollmessdaten zu erwarten. Insgesamt ist davon auszugehen, dass die festgestellte Genauigkeit ausreichend ist, um eine Vorhersage der Schleifkraft zu ermöglichen.

4.3 Vergleich der Spanungskenngrößen und der Spindelleistung

Comparison of Chip Parameters and Spindle Power

Im Folgenden werden die simulierten charakteristischen Kennwerte mit Messergebnissen aus dem zuvor vorgestellten Kegelradschleifprozess (vergleiche Bild 4-1) gegenübergestellt. Wie im Stand der Erkenntnisse erläutert wurde, wird die Schleifkraft oft als proportional zum Zeitspanungsvolumen angenommen [MASS52, BRÜC62, RÜTT00, KAMP17]. Beim Tauchschleifen von Kegelrädern kann die Messung der Schleifkraft nur mithilfe einer Anpassung der Werkstückaufspannung erfolgen, die sich auf die Steifigkeit auswirken kann. Neben der Schleifkraft kann die Prozessüberwachung von Schleifprozessen basierend auf der Messung der Werkzeugspindelleistung erfolgen [BRIN98]. Die Spindelleistung wird in der Regel als proportional zur Tangentialkraft angenommen, siehe **Formel (4-1)** [KLOC17b].

$$P_c = F_c \cdot v_c = F_t \cdot v_c \tag{4-1}$$

P_c	[W]	Schnittleistung	F_c	[N]	Schnittkraft
v_c	[m/s]	Schnittgeschwindigkeit	F_t	[N]	Tangentialkraft

Weil dieser Proportionalzusammenhang eine Abschätzung der Schleifkraft ohne eine signifikante Veränderung des Schleifprozesses ermöglicht, erfolgt der erste Vergleich von Spanungskenngrößen und Schleifkraft mithilfe der Messung der Schleifspindelleistung. Die Messung wurde mittels eines externen Messgeräts vom Typ PS200-DGM der Firma Montronix durchgeführt, welches an die Hauptstromversorgung der Schleifscheibenspindel angeschlossen wurde.

4.3.1 Spanungskenngrößen und Spindelleistung beim Tauchschleifen

Chip Parameters and Spindle Power in Plunge Grinding

Im Folgenden wird die Gegenüberstellung des simulierten Zeitspanungsvolumens Q_w mit dem gemessenen Verlauf der Werkzeugspindelleistung P über der Bearbeitung einer Lücke mittels Tauchschleifen beim Schlichten durchgeführt. Die Schlichtbearbeitung erfolgte mit der gleichen Schleifscheibengeometrie wie zuvor die Schruppbearbeitung. In **Bild 4-7** sind der Anstieg des berechneten Zeitspanungsvolumens und der gemessenen Spindelleistung bis zum Maximalwert dargestellt. Der Verlauf der Spindelleistung mittelt, vermutlich aufgrund der Trägheit des Systems, über den Einfluss der Exzenterbewegung hinweg. Daher wird die Messung der Spindelleistung mit dem in schwarz dargestellten Verlauf des mittleren Zeitspanungsvolumens verglichen.

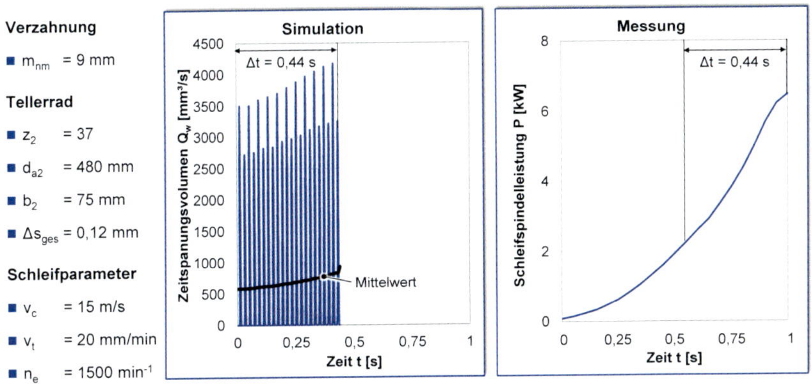

Bild 4-7: Spanungskenngrößen und Spindelleistung beim Tauchschleifen von Kegelrädern
Chip Parameters and Spindle Power in Plunge Grinding of Bevel Gears

Die berechnete Prozesszeit ist deutlich kürzer als der gemessene Anstieg der Spindelleistung. Dies legt nahe, dass die Spindelleistung bereits vor Nominalkontakt zwischen Schleifscheibe und Zahnflanke ansteigt. Im Schruppprozess wurde der Großteil der Abweichungen aus der Vorbearbeitung und der Wärmebehandlung mit der gleichen Schleifscheibengeometrie entfernt. Daher ist nicht davon auszugehen, dass beim Schlichten ein abweichungsbedingt verfrühter lokaler Kontakt auftritt. Der Spindelleistungsanstieg vor dem Kontakt ist vermutlich durch den Ölwiderstand zwischen Schleifscheibe und Zahnflanke bedingt [ROWE14]. Dieses Thema wird bei den Untersuchungen zum Tauchschleifen von Kegelrädern in Kapitel 8.3 genauer betrachtet.

Aus der Simulation ist ersichtlich, dass das mittlere Zeitspanungsvolumen über der Prozesszeit nur geringfügig zunimmt. Im Gegensatz dazu ist für den betrachteten Schlichtschleifprozess zu sehen, dass die Spindelleistung über der gesamten Bearbeitung kontinuierlich ansteigt, obwohl sich das mittlere Zeitspanungsvolumen kaum noch ändert. Zwischen den beiden Verläufen ist somit ein deutlicher Unterschied feststellbar. Nach den Vorstellungen vieler gängiger Kraftmodelle, unter der Voraussetzung gleicher Werkstoff- und Schleifscheibeneigenschaften, bewirken nur kinematische und geometrische Änderungen der Eingriffsbedingungen eine Kraftänderung [KIEN52, WERN71, BOCK87, RÜTT00].

Diese Änderungen finden bei dem vorliegenden Tauchschleifprozess theoretisch kaum statt. Beim Schlichten bleiben die geometrischen und kinematischen Kontaktbedingungen im Mittel nahezu konstant. Dennoch steigt die Spindelleistung kontinuierlich auf ein Vielfaches der Anfangsleistung an. Da der Verlauf über dem Prozess auch für die weiteren geschliffenen Zahnlücken sowie für andere Prozessparameter identisch ist, ist davon auszugehen, dass der überproportionale Anstieg der Spindelleistung auch weder auf eine Veränderung des Schleifscheibenzustands noch auf ungünstig gewählte Prozessparameter zurückzuführen ist.

Eine mögliche Erklärung für die Abweichung zwischen Modellvorhersage und Messung ist, dass der Modellansatz die Kontaktnachgiebigkeit nicht berücksichtigt. Die Nachgiebigkeit des Systems Werkstück-Werkzeug-Werkzeugmaschine kann dazu führen, dass aufgrund von Verlagerungen zu Beginn des Prozesses nicht das gesamte theoretisch zugestellte Material zerspant wird und somit das effektiv zerspante Aufmaß der theoretischen Zustellung nachläuft [MALK08]. Daher kann am Anfang von Schleifprozessen ein instationärer Zustand auftreten, in dem die Schleifkraft kontinuierlich zunimmt. Wann sich ein stationärer Zustand einstellt, hängt dabei unter anderem von der Steifigkeit des Systems, den Prozessparametern und der Schneidfreudigkeit der Schleifscheibe ab [SALJ74]. Um die Frage zu beantworten, ob der überproportionale Anstieg in der Spindelleistung prozessbedingt ist oder bei Kegelradschleifmaschinen, Kegelrädern oder Topfschleifscheiben grundsätzlich auftritt, wird als nächstes das Wälzschleifen von Kegelrädern betrachtet.

4.3.2 Spanungskenngrößen und Spindelleistung beim Wälzschleifen

Chip Parameters and Spindle Power in Generating Grinding

Im Folgenden werden das simulierte Zeitspanungsvolumen Q_w und die Werkzeugspindelleistung P auch für das Wälzschleifen von Kegelrädern gegenübergestellt. Das Ergebnis ist in **Bild 4-8** beispielhaft für das Schleifen einer Zahnlücke dargestellt. Im Gegensatz zum Tauchschleifen weisen die Verläufe beim Wälzschleifen eine hohe Ähnlichkeit auf. Sowohl das berechnete Zeitspanungsvolumen als auch die gemessene Werkzeugspindelleistung steigen etwa linear bis zum Maximalwert an und fallen dann mit annähernd gleicher Steigung etwa linear wieder auf das Nullniveau ab. Die simulierte Dauer der Bearbeitung stimmt zudem mit der gemessenen Dauer überein. Somit sind die Spindelleistung und voraussichtlich auch die Schleifkraft beim Wälzschleifen von Kegelrädern proportional zum Zeitspanungsvolumen. Dies stimmt mit gängigen Kraftmodellen überein [MASS52, BRÜC62, RÜTT00, KAMP17].

Zudem konnte auch der Einfluss der Prozessparameter beim Wälzschleifen von Kegelrädern mit dem Schleifkraftmodell nach RÜTTI vorhergesagt werden, siehe Anhang (Bild IV-2) [RÜTT00, SOLF20].

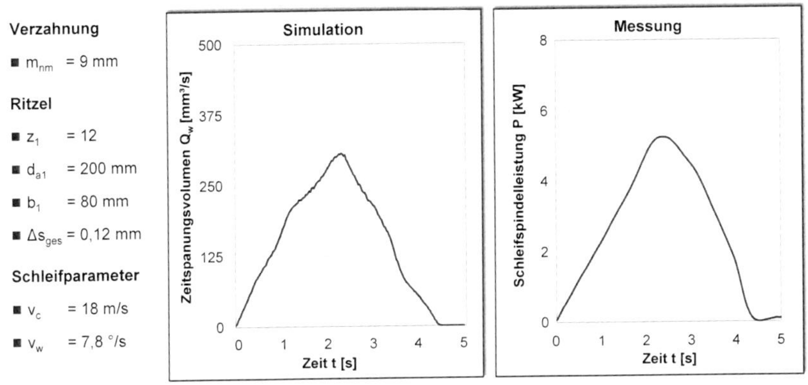

Bild 4-8: Spanungskenngrößen und Spindelleistung beim Wälzschleifen von Kegelrädern
Chip Parameters and Spindle Power in Generating Grinding of Bevel Gears

Aus der Gegenüberstellung ist zu erkennen, dass die große Diskrepanz zwischen theoretischem Zeitspanungsvolumen und gemessener Spindelleistung beim Tauchschleifen ein Prozessphänomen ist und nicht bei allen Kegelradschleifprozessen auftritt. Daher ist es möglich, dass die instationäre Phase durch die Prozesskinematik oder die Kontaktbedingungen beim Tauchschleifen begünstigt wird. Es ist jedoch auch wahrscheinlich, dass die kurze Dauer der Zerspanung dazu führt, dass beim Tauchschleifen von Kegelrädern der nachgiebigkeitsbedingte instationäre Verlauf besonders stark zum Tragen kommt und bei der Modellierung nicht vernachlässigt werden kann.

4.4 Fazit

Conclusion

Im abgeschlossenen Kapitel wurde eine Simulation der Kontaktbedingungen und der daraus resultierenden Spanungskenngrößen für das Kegelradschleifen vorgestellt. Anschließend wurde die Güte der geometrischen Abbildung der Simulation verifiziert. Somit wurde die erste Forschungsfrage beantwortet, wie die theoretischen geometrischen Spanungskenngrößen beim Kegelradschleifen lokal und zeitlich aufgelöst ermittelt werden können.

Im Anschluss an die Abbildung der Kontaktbedingungen eines industriellen Anwendungsfalls wurden die resultierenden Spanungskenngrößen der im Prozess gemessenen Spindelleistung gegenübergestellt. Beim Tauchschleifen konnte keine Übereinstimmung zwischen dem berechneten Zeitspanungsvolumen und der gemessenen Spindelleistung festgestellt werden. Während das berechnete mittlere Zeitspanungsvolumen nur zu Beginn des Prozesses anstieg und danach weitgehend konstant blieb, stieg die Spindelleistung im gesamten Prozess nahezu linear an. Beim Wälzschleifen konnte jedoch eine gute Übereinstimmung zwischen berechnetem Zeitspanungsvolumen und gemessener Spindelleistung aufgezeigt werden.

Durch die Gegenüberstellung wurde gezeigt, dass beim Wälzschleifen von Kegelrädern eine Vorhersage von Spindelleistung und Schleifkraft vermutlich ohne eine Berücksichtigung der Nachgiebigkeit möglich ist. Beim Tauchschleifen von Kegelrädern weisen der instationäre Verlauf der gemessenen Spindelleistung über der gesamten Prozessdauer sowie die große Diskrepanz zwischen dem theoretisch nahezu konstanten Zeitspanungsvolumen und Messung jedoch darauf hin, dass die Nachgiebigkeit an dieser Stelle nicht vernachlässigbar ist. Um eine Modellierung der Zusammenhänge zu ermöglichen, sollen genaue Untersuchungen der Einflussfaktoren auf den Schleifkraftverlauf beim Tauchschleifen von Kegelrädern erfolgen.

Beim Tauchschleifen von Kegelrädern ist die Untersuchung der einzelnen Einflussfaktoren auf die Schleifkraft erschwert durch zeitlich versetzten und unterschiedlichen Eingriff auf den beiden Zahnflanken sowie die komplexen geometrischen Bedingungen. Die großen Bauteildurchmesser sowie die weit vom Mittelpunkt des Kegelrads sowie der Aufspannung angreifenden Kräfte verkomplizieren die Erfassung der Schleifkraft im Prozess zusätzlich. Daher soll ein Analogieversuch für das Tauchschleifen von Kegelrädern abgeleitet werden, welcher die systematische Untersuchung des Einflusses der Prozessparameter sowie der effektiven nachgiebigkeitsbeeinflussten Spanungskenngrößen auf die Schleifkraft ermöglicht.

5 Analyse der Schleifkraft im Analogieversuch

Analysis of the Grinding Force in the Analogy Trial

Zur Vorhersage der Schleifkraft beim Tauchschleifen von Kegelrädern müssen der Einfluss der Prozessparameter und der effektiven Spanungskenngrößen auf die Schleifkraft bekannt sein. Aufgrund der erschwerten Bedingungen beim Tauchschleifen von Kegelrädern soll die systematische Analyse in einem Analogieversuch erfolgen. Im folgenden Kapitel werden daher die Ableitung, der Aufbau sowie die Durchführung eines Analogieversuchs für das Tauchschleifen beschrieben. Dieser soll die Kontaktbedingungen des Tauchschleifens von Kegelrädern wiedergeben. Zudem muss der Analogieversuch eine Erfassung des lokalen und zeitlichen Verlaufs der Schleifkraftkomponenten sowie die Bestimmung des Einflusses der einzelnen Prozessparameter auf die Schleifkraft ermöglichen.

5.1 Ableitung des Analogieversuchs

Derivation of the Analogy Trial

Beim Tauchschleifen von Kegelrädern liegt jeweils ein konvex-konkaver Kontakt zwischen Schleifscheibe und Zahnflanke vor. Im Fall der konvexen Zahnflanke stellt die Schleifscheibe den konkaven Kontaktpartner dar, siehe **Bild 5-1**. Im Fall der konkaven Zahnflanke ist die Schleifscheibe der konvexe Kontaktpartner.

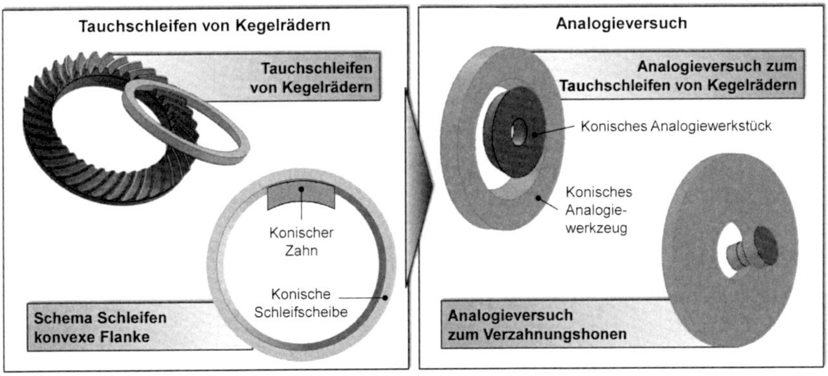

Bild 5-1: Ableitung des Analogieversuchs zum Tauchschleifen von Kegelrädern
Derivation of the Analogy Trial for Plunge Grinding of Bevel Gears

Beim Tauchschleifen von Kegelrädern weisen die sich im Kontakt befindlichen Schleifscheiben- und Zahnflanken relativ große, nahezu übereinstimmende Krümmungsradien auf. Zudem wird im betrachteten Kegelradschleifprozess ein modifizierter Tauchprozess mit Vektorvorschub verwendet, sodass sich die Schleifscheibe im Prozess unter ähnlichen Winkeln auf die beiden Zahnflanken zubewegt. Daher wird davon ausgegangen, dass sich die Einzelkornkontakte auf konvexer und konkaver Flanke nicht signifikant unterscheiden. Aufgrund der als besser eingeschätzten Umsetzbarkeit hinsichtlich Werkzeugmaschine und Werkstückgeometrie wird zunächst die Bearbeitung der konvexen Tellerradflanke betrachtet, siehe Bild 5-1 unten links.

Bei der Kegelradfertigung im Tauchverfahren wird das Zahnprofil ohne Wälzbewegung erzeugt. Zudem haben Tellerräder häufig keine oder nur geringe Modifikationen, sodass die Zahnflanke in Höhenrichtung nahezu gerade ist. Die konvexe Flanke eines getauchten Tellerrads kann daher durch ein konisches Analogiewerkstück angenähert werden. Um die Topfschleifscheibe abzubilden, muss eine Schleifscheibe mit konischer Innenseite verwendet werden. Bei der Fertigung von Tellerrädern mittels modifiziertem Tauchen bzw. Vektorvorschub ergibt sich häufig, auch im betrachteten Beispielfall, ein Winkel von ca. $\alpha = 20°$ zwischen dem Tauchvorschubvektor der Schleifscheibe und beiden Zahnflanken. Aus diesem Grund wird für die Abbildung ein Kegelwinkel von $\alpha = 20°$ des konischen Werkstücks und der Schleifscheibe als geeignet erachtet. Zur Erfüllung der genannten Bedingungen kann ein Analogiewerkstück in Form eines Kegelstumpfes in einer ringförmigen Schleifscheibe mit konischer Innenseite verwendet werden, wobei beide Komponenten parallele Achsen aufweisen sollten. Der Aufbau des abgeleiteten Analogieversuchs, siehe Bild 5-1 oben rechts, weist Parallelen zum Analogieversuch zum Verzahnungshonen nach KÖLLNER auf [KÖLL00].

Die Vorschubbewegung im Analogieversuch zum Tauchschleifen von Kegelrädern kann realisiert werden, indem die Schleifscheibe und das Werkstück entlang ihrer Mittelachsen relativ zueinander zugestellt werden, siehe **Bild 5-2**. Durch die $\alpha = 20°$ Kegelwinkel ergeben sich zum Tauchschleifen von Kegelrädern vergleichbare Kontaktbedingungen und Relativbewegungen. Zur Abbildung der Schnittgeschwindigkeit muss die Schleifscheibe auch im Analogieversuch um ihre Mittelachse rotieren. Die Kegelradschleifmaschine weist jedoch eine zusätzliche Exzenterachse auf. Die Durchführung des Analogieversuchs auf einer Kegelradschleifmaschine wird aufgrund der komplexen Spannvorrichtungen als wenig geeignet erachtet. Zudem ist die Serienfertigungsmaschine der Firma Scania nur begrenzt verfügbar, wodurch eine systematische Effektanalyse stark eingeschränkt würde. Aus diesen Gründen muss eine anderweitige Abbildung der Exzenterbewegung in Betracht gezogen werden. Die Exzenterbewegung beim Kegelradschleifen führt dazu, dass der lokal begrenzte Kontakt zwischen Schleifscheibe und Tellerrad über die Zahnflanke bewegt wird.

Zur Durchführung und Abbildung von zerspanenden Prozessen bedarf es einer Relativbewegung zwischen Werkzeug und Werkstück [DENK11]. Der erste Anteil der Relativbewegung zwischen der Schleifscheibe und der Kegelradoberfläche entsteht durch die Schnittgeschwindigkeit v_c. Darüber hinaus wird der lokal begrenzte Kontakt durch die Exzentergeschwindigkeit v_e in Zahnbreitenrichtung über die Zahnflanke bewegt. Eine ähnliche Relativbewegung zwischen Schleifscheibe und Analogiewerkstückoberfläche kann abgebildet werden, indem der Schnittgeschwindigkeit v_c eine Rotation des Werkstücks mit der Geschwindigkeit v_e entgegengesetzt wird, siehe Bild 5-2 rechts unten.

Rotiert das Werkstück gegenläufig zur Schleifscheibe, entsteht dadurch eine Bewegung des Kontakts in Richtung der Schnittgeschwindigkeit über den Analogiewerkstückumfang. Der Umfang des kegeligen Analogiewerkstücks entspricht dabei der Zahnbreite des Tellerrads. Damit in der zu verwendenden Maschine keine Schwingungen durch Unwucht entstehen, wird jedoch ein Werkstück in Form eines Kegelstumpfes verwendet. Dies entspricht einer endlosen Zahnflanke, die sich durchgehend mit der Schleifscheibe in Kontakt befindet.

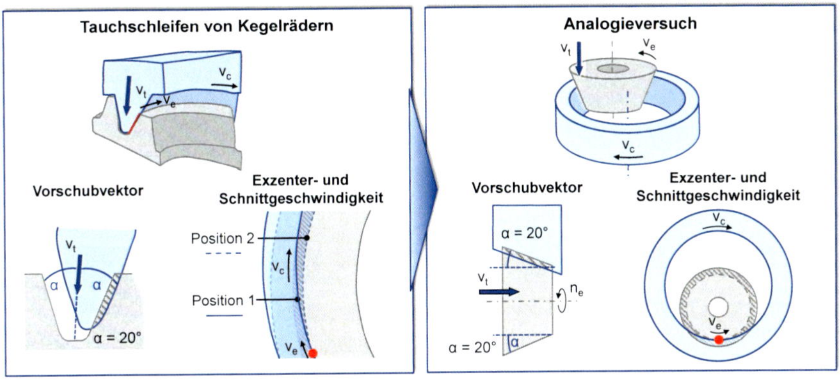

Bild 5-2: Prozesskinematik im Analogieversuch zum Tauchschleifen von Kegelrädern
Process Kinematics of the Analogy Trial for Plunge Grinding of Bevel Gears

Durch die Verwendung einer Schleifscheibe sowie eines Analogiewerkstücks mit $\alpha = 20°$ Kegelwinkel, die entlang ihrer Mittelachsen aufeinander zubewegt werden, kann die Tauchvorschubbewegung abgebildet werden. Die Rotation der Schleifscheibe im Analogieversuch bildet die Schnittgeschwindigkeit ab, die Rotation des Werkstücks die Exzenterbewegung. Auf diese Weise können die wichtigsten Prozessparameter der Kinematik des Tauchschleifens von Kegelrädern variiert werden. Für die Umsetzung des Analogieversuchs wird eine Schleifmaschine benötigt, die parallele angetriebene Achsen von Werkstück und Werkzeug aufweist beziehungsweise ermöglicht.

Verzahnungshonmaschinen ermöglichen im Gegensatz zu Maschinen zum Profil- und Wälzschleifen von Stirnrädern parallele Achsen von Werkstück und Werkzeug. Zudem ähnelt der Analogieversuch zum Verzahnungshonen von KÖLLNER dem Analogieversuch zum Tauchschleifen von Kegelrädern, vergleiche Bild 5-1 [KÖLL00]. Da in den Arbeiten von KAMPKA bereits umfangreiche Erfahrungen zu Analogieversuchen auf der am WZL vorhandenen Verzahnungshonmaschine gesammelt wurden, sollte der Analogieversuch zum Tauchschleifen von Kegelrädern auf einer Verzahnungshonmaschine durchgeführt werden [KÖLL00, KAMP17]. Im Folgenden wird der aus dem Schema des Analogieversuchs abgeleitete Versuchsaufbau vorgestellt.

5.2 Aufbau des Analogieversuchs

Set-up of the Analogy Trial

Am WZL der RWTH Aachen stand für die Versuche eine Verzahnungshonmaschine Gleason 150SPH zur Verfügung, siehe **Bild 5-3** links. Die gleiche Verzahnungshonmaschine wurde auch für die Untersuchungen von KAMPKA eingesetzt [KAMP17]. In der Abbildung sind Maschinendaten wie maximale Werkstück- und Werkzeugdurchmesser sowie realisierbare Drehzahlen dargestellt.

Zur Messung der Schleifkraft im Analogieversuch wurde ein rotierendes Zerspankraftdynamometer vom Typ 9171A der Firma Kistler eingesetzt, siehe Bild 5-3 rechts. Dieses ermöglicht die Erfassung der Kraft in drei Raumrichtungen, obwohl sowohl das Werkstück als auch das Werkzeug kontinuierlich rotieren. Das Dynamometer wurde mit dem zugehörigen Signalverstärker sowie einem Spannungseingangsmodul der Firma National Instruments eingesetzt. Neben der Messung der Schleifkraft erfolgte ebenfalls die Messung der Schleifspindelleistung mithilfe eines externen Messgeräts vom Typ PS200-DGM der Firma Montronix. Für die Erfassung und die Auswertung der Schleifkraft und der Spindelleistung wurden die Programme LabVIEW sowie DIAdem der Firma National Instruments verwendet. Um die Erfassung der Signale mit hoher Genauigkeit zu ermöglichen, wurde eine Abtastrate von 20 kHz eingestellt.

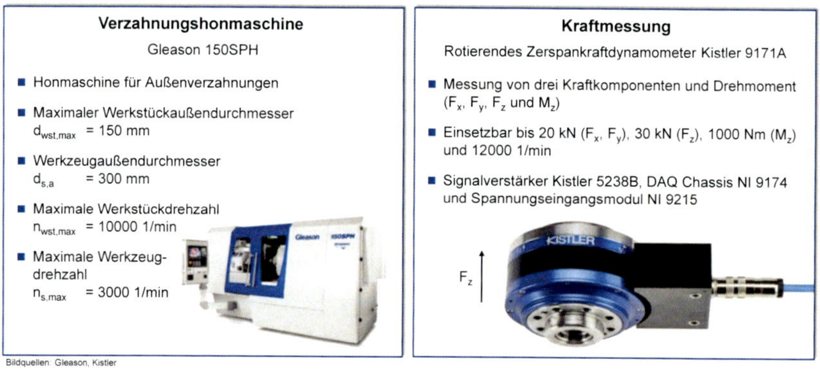

Bild 5-3: Ausstattung beim Analogieversuch zum Tauchschleifen von Kegelrädern

Equipment in the Analogy Trial for Plunge Grinding of Bevel Gears

Mit dem rotierenden Schnittkraftdynamometer wurde auf der Honmaschine ein Versuchsaufbau entsprechend dem im vorherigen Kapitel hergeleiteten Analogieversuch umgesetzt, siehe **Bild 5-4**. Analog zu den Untersuchungen von KAMPKA wurde das Dynamometer auf der Werkstückseite eingesetzt [KAMP17]. Auf dem Dynamometer wurde mithilfe eines Hydrodehnspanndorns das Analogiewerkstück in Form eines Kegelstumpfs befestigt. Da im Analogieversuch zum Tauchschleifen von Kegelrädern kein Achskreuzwinkel erwünscht ist, haben das Werkstück und die Schleifscheibe parallele Achsen. Wie das Analogiewerkstück ist die Schleifscheibe auf der Innenseite konisch mit einem Winkel von $\alpha = 20°$. Der Kontakt zwischen Analogiewerkstück und Schleifscheibe erfolgt auf der unteren Innenkontur der Schleifscheibe.

Zur Vermeidung von Schleifbrand und starker Funkenbildung ist im Analogieversuch zum Tauchschleifen von Kegelrädern eine direkte Kühlung der Kontaktzone mit Kühlschmierstoff (KSS) notwendig. Daher wurde die KSS-Zufuhr angepasst gegenüber dem konventionellen Honprozess, bei welchem keine direkte Kontaktzonenkühlung erfolgt. Die links in Bild 5-4 dargestellte KSS-Zufuhr wurde mit einem flexiblen segmentierten Schlauchsystem bis zur Kontaktzone verlängert. Die KSS-Zufuhr in die Kontaktzone erfolgt über zwei Düsen, siehe Bild 5-4 rechts oben, die etwa tangential auf den Kontakt gerichtet werden. Über einen größeren Düsenquerschnitt wird der Großteil des KSS in Rotationsrichtung der Schleifscheibe in die Kontaktzone eingebracht und ein kleiner Teil zum Löschen etwaiger Funken in Gegenrichtung auf den Kontakt gerichtet.

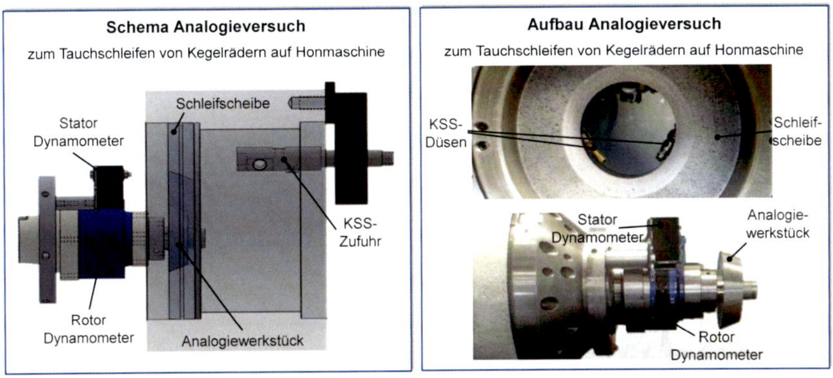

Bild 5-4: Aufbau im Analogieversuch zum Tauchschleifen von Kegelrädern
Set-up of the Analogy Trial for Plunge Grinding of Bevel Gears

Basierend auf den Randbedingungen der Maschine sowie den Anforderungen des Tauchschleifens von Kegelrädern wurden die Geometrien von Schleifscheibe und Analogiewerkstücken festgelegt. Analog zum Tauchschleifen sollte eine Schnittgeschwindigkeit von $v_c = 20$ m/s in der Mitte des Schleifwerkzeugs erreichbar sein. Durch die maximale Werkzeugspindeldrehzahl der Honmaschine von $n_{s,max} = 3000$ 1/min ergibt sich somit ein minimal benötigter Innendurchmesser der Schleifscheibe von ca. $d_{s,min} \approx 130$ mm.

Beim Tauchschleifen von Kegelrädern haben die Zahnflanke und die Schleifscheibe nahezu den gleichen Krümmungsdurchmesser von $d_k \approx 350$ mm. Daraus resultieren sehr große Kontaktbogenlängen. In Abhängigkeit von den Prozessparametern liegen die Kontaktbogenlängen im betrachteten Referenzprozess zwischen $l_k \approx 20\text{-}40$ mm.

Die Honmaschine ist jedoch nur für Werkstückaußendurchmesser von $d_{a,max}$ = 150 mm ausgelegt. Um der Anforderung der erforderlichen Schnittgeschwindigkeit sicher zu begegnen, wurde ein mittlerer Schleifscheibeninnendurchmesser von d_s = 140 mm festgelegt. Basierend auf den Erfahrungen aus früheren Versuchen und um den Einfluss der Werkstückgeometrie ermitteln zu können, wurden vier verschiedene mittlere Analogiewerkstückdurchmesser von d_{wst} = 70 mm, 90 mm, 110 mm und 140 mm vorgesehen. Der größte Werkstückdurchmesser sollte dabei mit etwas größer abgerichteter Schleifscheibe bearbeitet werden. Mit diesem Werkstückdurchmesser und nur geringfügig größerem Schleifscheibeninnendurchmesser sollten zum Tauchschleifen von Kegelrädern vergleichbare Kontaktbogenlängen innerhalb der maschinenseitigen Einschränkungen realisiert werden können.

5.3 Theoretische Spanungskenngrößen im Analogieversuch

Theoretical Chip Parameters in the Analogy Trial

Der Analogieversuch soll dazu dienen, die Kontaktbedingungen beim Tauchschleifen von Kegelrädern abzubilden und eine Analyse der Einflussfaktoren auf die Schleifkraft zu ermöglichen. Die Schleifkraft wird in üblichen Modellen häufig als proportional zu Spanungskenngrößen wie dem zerspantem Volumen oder dem Spanungsquerschnitt angenommen [WERN71, BOCK87, JANK96, RÜTT00, GRIN06]. Aus diesem Grund sollen die Spanungskenngrößen im Analogieversuch vergleichbar zu denen beim Tauchschleifen von Kegelrädern sein. Die theoretischen Spanungskenngrößen beim Tauchschleifen im Vergleich zu denen im Analogieversuch sind in **Bild 5-5** schematisch dargestellt.

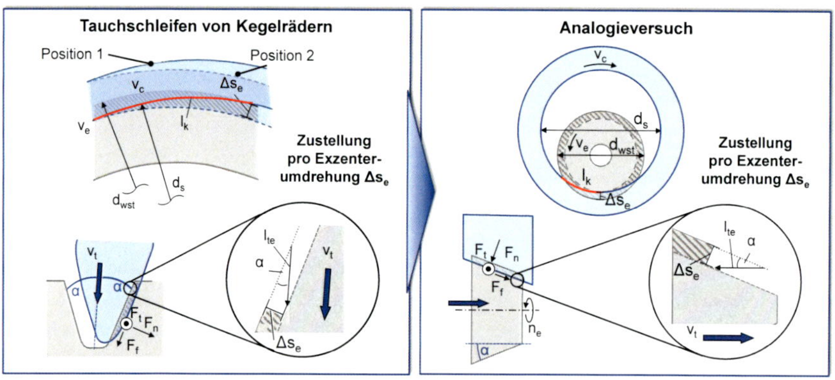

Bild 5-5: Spanungskenngrößen im Analogieversuch zum Tauchschleifen von Kegelrädern
Chip Parameters in the Analogy Trial for Plunge Grinding of Bevel Gears

Beim Tauchschleifen von Kegelrädern sowie im Analogieversuch erfolgt die Bearbeitung in einzelnen diskreten Werkzeugüberläufen mit der auf die Werkstückflanke bezogenen senkrechten Zustellung Δs_e. Diese Überläufe entstehen, weil der Kontakt zwischen Schleifscheibe und Kegelradflanke bzw. Analogiewerkstück durch die Exzenterbewegung über die Werkstückoberfläche bewegt wird. In Bild 5-5 links oben ist die Position der Schleifscheibe relativ zur Zahnflanke beim Tauchschleifen für zwei verschiedene Zeitpunkte im Prozess dargestellt. Die senkrechte Zustellung pro Exzenterumdrehung Δs_e entspricht der senkrechten auf die Flanke bezogenen Zustellung pro Schleifhub beim Verzahnungsprofilschleifen Δs und ähnelt der Zustellung a_e in konventionellen Flach- und Rundschleifprozessen.

Die senkrechte auf die Zahnflanke bezogene Zustellung pro Exzenterumdrehung Δs_e ergibt sich aus dem Tauchvorschubweg pro Exzenterumdrehung l_{te} und ist somit abhängig von der Tauchvorschubgeschwindigkeit v_t, der Exzenterdrehzahl n_e sowie dem Winkel zwischen Werkstückflanke und Tauchvorschubvektor α und kann mithilfe der **Formeln (5-1)** und **(5-2)** berechnet werden.

$$l_{te} = \frac{v_t}{n_e} \tag{5-1}$$

l_{te}	[mm]	Tauchvorschubweg pro Exzenterumdrehung	v_t	[mm/min]	Tauchvorschub-geschwindigkeit
n_e	[1/min]	Exzenterdrehzahl			

$$\Delta s_e = l_{te} \cdot sin(\alpha) \tag{5-2}$$

Δs_e	[mm]	(Senkrechte) Zustellung pro Exzenterumdrehung	l_{te}	[mm]	Tauchvorschubweg pro Exzenterumdrehung
α	[°]	Winkel zwischen Zahnflanke und Tauchvorschubvektor			

Zur Bewertung der Produktivität von Schleifprozessen wird häufig das auf die Schleifscheibenbreite bezogene Zeitspanungsvolumen Q'_w herangezogen [KLOC17a]. Wie im Stand der Erkenntnisse erläutert wurde, wird die Schleifkraft in vielen Modellen als proportional zum Zeitspanungsvolumen angenommen [MASS52, BRÜC62, RÜTT00, KAMP17]. Bei Verzahnungsschleifprozessen variiert das effektive bezogene Zeitspanungsvolumen häufig lokal über der Zahnflanke.

Zur Abschätzung wird in der Regel eine vereinfachte Berechnung verwendet, bei der der Verzahnungsschleifprozess auf einen konventionellen Schleifprozess zurückgeführt wird [KLIN08, KLOC17a]. Dabei wird, analog zur Schleifscheibenbreite beim Flachschleifen, das Zeitspanungsvolumen auf die Profilbreite der Schleifscheibe senkrecht zu ihrer Mittelachse bezogen. Anschließend kann das mittlere bezogene Zeitspanungsvolumen Q'_w nach **Formel (5-3)** berechnet werden [KLIN08]. Es handelt sich hierbei um den zeitlichen Mittelwert, da der Einfluss der Exzenterbewegung nicht berücksichtigt wird.

$$Q'_w = \frac{V_w \cdot v_t}{\Delta s_{ges} \cdot h_m} = \frac{A_z \cdot v_t}{h_m} = \frac{b_t \cdot v_t}{cos(\alpha)} \quad (5\text{-}3)$$

Q'_w	[mm³/mm·s]	Bezogenes Zeitspanungsvolumen	V_w	[mm³]	Zerspanungsvolumen
v_t	[mm/min]	Tauchvorschubgeschwindigkeit	Δs_{ges}	[mm]	Senkrechte Gesamtzustellung
h_m	[mm]	Mittlere Zahnhöhe	A_z	[mm²]	Fläche einer Zahnflanke
b_t	[mm]	Zahnbreite in Bogenlänge	α	[°]	Winkel zwischen Flanke und Vorschubvektor

Mit dieser Formel wurde das bezogene Zeitspanungsvolumen für den betrachteten Tauchschleifprozess berechnet. Für eine Tauchvorschubgeschwindigkeit von v_t = 20 mm/min ergibt sich ein mittleres bezogenes Zeitspanungsvolumen von Q'_w = 33 mm³/mm·s. Dieser Wert konnte mithilfe einer Berechnung mit dem numerischen Simulationsmodell des Kegelradschleifprozesses bestätigt werden.

Basierend auf der Berechnung für das Kegelradschleifen wurde das bezogene Zeitspanungsvolumen auch für den Analogieversuch berechnet, vergleiche **Formel (5-4)**. Die Zahnbreite in Bogenlänge b_t wird dabei durch den mittleren Umfang des Analogiewerkstücks ersetzt. Bei der Berechnung des bezogenen Zeitspanungsvolumens Q'_w ist ein Einfluss der Werkstückgeometrie ersichtlich.

$$Q'_w = \frac{d_{wst} \cdot \pi \cdot v_t}{cos(\alpha)} \quad (5\text{-}4)$$

Q'_w	[mm³/mm·s]	Bezogenes Zeitspanungsvolumen	d_{wst}	[mm]	Mittlerer Analogiewerkstückdurchmesser
v_t	[mm/min]	Tauchvorschubgeschwindigkeit	α	[°]	Winkel zwischen Flanke und Vorschubvektor

Eine Kegelradflanke stellt nur ein Kegelstumpfsegment dar, während die Analogiewerkstücke einem vollständigen Kegelstumpf entsprechen. Eine Konstanthaltung aller Prozessparameter und Spanungskenngrößen zwischen dem Analogieversuch und dem Tauchschleifen von Kegelrädern ist daher nicht ohne weiteres möglich. Im Folgenden soll analysiert werden, welche Prozessparameter und Spanungskenngrößen im Analogieversuch vergleichbar zum Tauchschleifen gewählt werden können.

5.4 Versuchsplanung für den Analogieversuch

Design of Experiments for the Analogy Trial

Im vorangegangenen Kapitel wurde aufgezeigt, dass Abhängigkeiten zwischen den Spanungskenngrößen und der Werkstückgeometrie bestehen. Darüber hinaus existieren Abhängigkeiten zwischen den Prozessparametern sowohl beim Tauchschleifen von Kegelrädern als auch im Analogieversuch. Aus diesen Gründen ist eine vollständige Übertragung aller Prozessparameter vom Tauchschleifen auf den Analogieversuch nicht ohne weiteres möglich. In diesem Kapitel erfolgen die Untersuchung der

Abhängigkeiten zwischen den Prozessparametern sowie die Ableitung eines Versuchsplans aus der durchgeführten Analyse.

Die einstellbaren Prozessparameter beim Tauchschleifen von Kegelrädern sind die Schnittgeschwindigkeit v_c, die Tauchvorschubgeschwindigkeit v_t und die Exzenterdrehzahl n_e. Die Schnittgeschwindigkeit ergibt sich aus der Rotationsgeschwindigkeit der Schleifscheibe sowie ihrem Durchmesser und kann sowohl beim Tauchschleifen von Kegelrädern als auch im Analogieversuch unabhängig von anderen Prozessparametern eingestellt werden. Die Schnittgeschwindigkeit v_c gibt vor, mit welcher Geschwindigkeit die Körner durch das Material bewegt werden und welche Einzelkornspanungsdicke daraus resultiert. Da die Schnittgeschwindigkeit unabhängig von den anderen Prozessparametern ist, kann diese im Analogieversuch ohne Schwierigkeiten wie beim Tauchschleifen von Kegelrädern gewählt werden.

Die Tauchvorschubgeschwindigkeit v_t beim Tauchschleifen von Kegelrädern ist die Geschwindigkeit, mit der die Schleifscheibe in die Zahnlücke zugestellt wird. Im Analogieversuch wird das Werkstück mit dieser Geschwindigkeit in die Schleifscheibe hinein bewegt. In beiden Prozessen gibt die Tauchvorschubgeschwindigkeit vor, wieviel Material pro Zeit zerspant wird. Die Exzentergeschwindigkeit v_e wird beim Tauchschleifen von Kegelrädern durch eine Rotation des Werkzeugs mit der Drehzahl n_e realisiert, im Analogieversuch durch eine Rotation des Werkstücks. Die Exzentergeschwindigkeit v_e ist unabhängig von der Schnittgeschwindigkeit v_c und der Tauchvorschubgeschwindigkeit v_t. Im Analogieversuch existieren alle drei Stellgrößen, sodass theoretisch alle drei Größen wie beim Kegelradschleifen eingestellt werden könnten.

Im vorherigen Kapitel wurde gezeigt, dass das bezogene Zeitspanungsvolumen Q'_w abhängig von der Werkstückstückgeometrie ist. Da die Geometrie des Analogiewerkstücks nicht der Geometrie der Tellerradflanke entspricht, können nicht zugleich die Tauchvorschubgeschwindigkeit v_t und das bezogene Zeitspanungsvolumen Q'_w im Analogieversuch entsprechend zum Tauchschleifprozess gewählt werden. Würde die Tauchvorschubgeschwindigkeit v_t im Analogieversuch gleich gewählt wie im in Kapitel 4 betrachteten Referenzprozess, würde sich für einen mittleren Analogiewerkstückdurchmesser $d_{wst} = 70$ mm ein bezogenes Zeitspanungsvolumen $Q'_w = 78$ mm³/(mm·s) ergeben, für einen mittleren Analogiewerkstückdurchmesser $d_{wst} = 90$ mm sogar $Q'_w = 100$ mm³/(mm·s).

Für einen Schleifprozess ist bereits das für das Tauchschleifen berechnete mittlere bezogene Zeitspanungsvolumen $Q'_w = 33$ mm³/(mm·s) ein vergleichsweise hoher Wert. Die Realisierung wesentlich höherer Werte auf einer Verzahnungshonmaschine, die nicht auf große Wärmeentwicklung ausgelegt ist, ist als kritisch einzustufen. Zudem wird die Schleifkraft häufig als proportional zum zerspanten Volumen angenommen [BRÜC62, RÜTT00]. Um eine ähnliche mittlere Schleifkraft zu erzielen, sollte im Analogieversuch das mittlere bezogene Zeitspanungsvolumen vergleichbar zum Tauchschleifen eingestellt werden. In Abhängigkeit vom Analogiewerkstückdurchmesser bedeutet dies, dass die Tauchvorschubgeschwindigkeit im Analogieversuch gegenüber dem Tauchschleifen von Kegelrädern reduziert werden muss. Da die Tauchvorschubgeschwindigkeit beim Kegelradschleifen ohnehin sehr gering gegenüber der Schnittgeschwindigkeit ist, erscheint dies unkritisch.

Basierend auf der Begründung, dass die Schleifkraft in der Regel als proportional zu den charakteristischen Spanungskenngrößen angenommen wird, sollte neben dem bezogenen Zeitspanungsvolumen Q'_w auch die senkrechte Zustellung pro Exzenterumdrehung Δs_e konstant gehalten werden. Damit das bezogene Zeitspanungsvolumen Q'_w und die Zustellung Δs_e konstant gehalten werden können, muss analog zur Tauchvorschubgeschwindigkeit v_t auch die Exzenterdrehzahl n_e im Analogieversuch gegenüber dem Tauchschleifen von Kegelrädern angepasst werden. Durch die unterschiedliche Umsetzung der Exzenterbewegung beim Tauchschleifen und im Analogieprozess ergeben sich unterschiedliche Formeln zur Berechnung der Exzentergeschwindigkeiten v_e, vergleiche **Formeln (5-5)** und **(5-6)**.

$$v_{e,K} = n_e \cdot \pi \cdot 2 \cdot e_x \tag{5-5}$$

$$v_{e,A} = n_e \cdot \pi \cdot d_{wst} \tag{5-6}$$

$v_{e,K}$	[m/s]	Exzentergeschwindigkeit (Kegelradschleifen)	n_e	[1/min]	Exzenterdrehzahl
e_x	[mm]	Exzentrizität	$v_{e,A}$	[m/s]	Exzentergeschwindigkeit (Analogieversuch)
d_{wst}	[mm]	Werkstückdurchmesser			

Aufgrund der kleinen Exzenterbeträge e_x ist die Exzentergeschwindigkeit v_e beim Tauchschleifen sehr gering $v_e << v_c$. Im Analogieversuch wurde die Exzentergeschwindigkeit zu v_e = 2,4 m/s gesetzt, um ähnliche Werte für das Zeitspanungsvolumen Q'_w und die Zustellung pro Exzenterumdrehung Δs_e zu erhalten. Dies führt zu einer leicht erhöhten Relativgeschwindigkeit zwischen Schleifscheibe und Werkstück im Analogieversuch.

Zuvor wurde abgeleitet, wie die Prozessparameter und Spanungskenngrößen im Analogieversuch gewählt werden sollten, um möglichst vergleichbare Bedingungen zum Tauchschleifen von Kegelrädern zu erhalten. Aus der Betrachtung ist ersichtlich, dass nicht alle Prozessparameter übereinstimmend gewählt werden können. Auf Basis existierender Kraftmodelle wurde festgelegt, dass insbesondere die Schnittgeschwindigkeit v_c, das bezogene Zeitspanungsvolumen Q'_w und die senkrechte Zustellung pro Exzenterumdrehung Δs_e vergleichbar zwischen Analogieversuch und Kegelradschleifen sein sollten. Im Folgenden wird ein Versuchsplan abgeleitet, der diese Bedingungen erfüllt. Um etwaige Abweichungen zu berücksichtigen, die durch die Veränderung von Geometrie, Kinematik und Prozessparametern im Analogieversuch bedingt sind, werden im späteren Verlauf der Arbeit ergänzende Untersuchungen zum Tauchschleifen von Kegelrädern durchgeführt, vergleiche Kapitel 8.

Der Versuchsplan wurde zunächst für das Tauchschleifen in einem für Nutzfahrzeugkegelräder üblichen Bereich aufgestellt, siehe **Bild 5-6** links. Anschließend wurden für die festgelegten Tauchvorschubgeschwindigkeiten die senkrechte Zustellung pro Exzenterumdrehung Δs_e und das bezogene Zeitspanungsvolumen Q'_w berechnet. Daraus wurden anschließend die Prozessparameter für den Analogieversuch ermittelt.

In der Mitte von Bild 5-6 ist der Versuchsplan exemplarisch für die mittleren Analogiewerkstückdurchmesser d_{wst} = 70 mm und 90 mm dargestellt, um die zuvor ausgeführten Erläuterungen zu verdeutlichen und die gewählten Prozessparameter aufzuzeigen. Die senkrechte Zustellung pro Exzenterumdrehung Δs_e und das bezogene Zeitspanungsvolumen Q'_w wurden im Vergleich zum Tauchschleifen konstant gehalten, indem die Tauchvorschubgeschwindigkeit reduziert v_t wurde. Die Tauchvorschubgeschwindigkeit v_t wurde dabei ebenfalls in Abhängigkeit vom Werkstückdurchmesser angepasst.

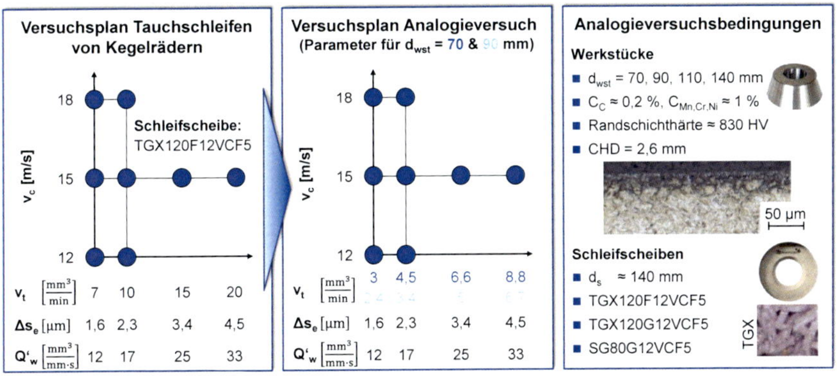

Bild 5-6: Versuchsplan und Versuchsbedingungen im Analogieversuch
Design of Experiments and Conditions in the Analogy Trial

Im Analogieversuch sollten die Schnittgeschwindigkeit zwischen v_c = 12-18 m/s und das bezogene Zeitspanungsvolumen im Bereich von Q'_w = 12-33 mm³/(mm·s) variiert werden. Das bezogene Zeitspanungsvolumen entsprach im Referenz-Tauchschleifprozess einer Tauchvorschubgeschwindigkeit von $v_{t,K}$ = 7-20 mm/min. Für die Analogieversuche sollten mittlere Werkstückdurchmesser d_{wst} = 70-140 mm und eine Werkstückbreite von b = 30 mm vergleichbar zur Zahnhöhe der betrachteten Tellerräder verwendet werden. Die Analogiewerkstücke wurden aus dem gleichen Stahl hergestellt wie die Kegelräder in der Serienfertigung (Einsatzstahl mit 0,2 % Kohlenstoff sowie jeweils ca. 1 % Mangan, Chrom und Nickel) und bei Scania einsatzgehärtet.

Alle Analogieversuche wurden mit einem mittleren Schleifscheibeninnendurchmesser von ungefähr d_s = 140 mm und den drei Schleifscheibenspezifikationen TGX120F12VCF5, TGX120G12VCF5 und SG80G12VCF5 der Firma Saint-Gobain durchgeführt. Die beiden Schleifscheibenspezifikationen TGX bestehen aus stäbchenförmigem Sinterkorund (Altos-Korn) und keramischer Bindung mit niedrigerer Härte F bzw. höherer Härte G. Die dritte Schleifscheibe SG enthält ein konventionelles Sinterkorundkorn. Durch die Variation der Schleifscheibenspezifikation sollte der Einfluss der Bindungshärte und der dadurch bedingten Nachgiebigkeit sowie des Schleifkorns auf die Schleifkraft untersucht werden.

Vor den Versuchen wurden die Analogiewerkstücke jeweils vorgeschliffen, um homogene geometrische Bedingungen zu erzielen. Während der Versuche wurde ein senkrechtes Gesamtaufmaß von Δs_{ges} = 100 µm pro Versuchspunkt zerspant. Am Ende des Prozesses wurde während einer Verweilzeit von t_v = 2 s die finale Zustellposition beibehalten. Die Einstellung einer Verweilzeit ist auch beim Tauchschleifen von Kegelrädern üblich, um eine Entspannung des Systems und somit eine vollständige Zerspanung zu ermöglichen.

5.5 Abrichten im Analogieversuch

Dressing in the Analogy Trial

Neben dem Schleifprozess musste für den Analogieversuch auch ein Abrichtprozess ausgelegt werden. Zum Abrichten für das Kegelradschleifen werden in der Regel Formrollen verwendet, mit denen die Schleifscheibenkontur bahngesteuert erzeugt wird, siehe **Bild 5-7** links [STAD05a, KLIN08, WESS09]. Beim Verzahnungshonen wird das Schleifwerkzeugprofil jedoch in der Regel direkt mithilfe eines Abrichtzahnrades erzeugt [RÜTT00, VASI12, KAMP17]. In den Analogieversuchen von KAMPKA wurden zum Abrichten der Analogiehonringe zylinderförmige diamantbelegte Abrichtwerkzeuge verwendet [KAMP17]. Diese Werkzeuge konnten über die gleiche Aufspannung aufgenommen werden wie die Analogiewerkstücke.

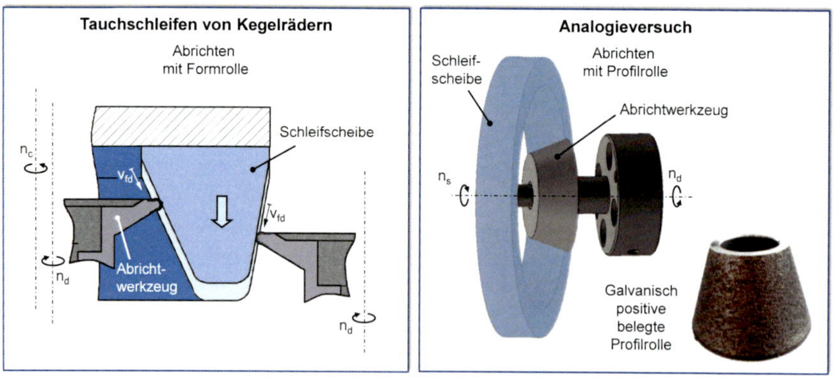

Bild 5-7: Abrichten im Analogieversuch zum Tauchschleifen von Kegelrädern
Dressing in the Analogy Trial for Plunge Grinding of Bevel Gears

Die Verwendung eines kegelförmigen Abrichtwerkzeugs im Analogieversuch zum Tauchschleifen von Kegelrädern bietet den Vorteil, dass die gleiche Aufspannung sowie ein vergleichbares Analogieprogramm verwendet werden können, wie bei der Schleifbearbeitung im Analogieversuch. Auf diese Weise kann die Positionierungenauigkeit des Aufbaus reduziert werden und es wird sichergestellt, dass beim Abrichten und beim Schleifen die gleichen Durchmesser der konischen Flächen erzeugt werden.

Damit die Vergleichbarkeit zum Tauchschleifen von Kegelrädern gewährleistet werden kann, sollte im Analogieversuch eine ähnliche Schleifscheibentopografie erzeugt werden. Dazu wurde von der Firma Saint-Gobain ein spezielles galvanisch positiv belegtes Abrichtwerkzeug ausgelegt und gefertigt, siehe Bild 5-7 rechts unten. Vergleichbar zur Kegelradfertigung der Firma Scania sollte im Analogieversuch eine Oberflächenrauheit im Bereich von Ra = 0,8-1 µm eingestellt werden. Entsprechend der Rauheitsanforderungen und der Schleifscheibeneigenschaften wurde das Abrichtwerkzeug mit einer mittleren Diamantkörngröße von D = 601 µm ausgelegt.

Vor Beginn der Analogieversuche wurden geeignete Abrichtparameter ermittelt, um die Rauheitsanforderungen beim Einsatz des Analogieabrichtwerkzeugs zu erfüllen. Dazu wurde die Schleifscheibe mit verschiedenen Abrichtparametern abgerichtet und anschließend ein Analogiewerkstück geschliffen. Die Rauheit der Analogiewerkstücke wurde auf einem Tastschnittgerät erfasst und bei Bedarf erfolgte die Anpassung der Abrichtparameter. Beim Abrichten mit Profilabrichtwerkzeugen können das Geschwindigkeitsverhältnis q_d sowie die Abrichtzustellung a_{ed} variiert werden.

Die Ermittlung geeigneter Abrichtparameter wurde separat für jede Schleifscheibenspezifikation durchgeführt. Dabei wurden niedrige positive Werte für das Geschwindigkeitsverhältnis im Bereich von q_d = 0,2-0,4 als geeignet ermittelt, um die Rauheitsanforderung Ra = 0,8-1 µm für die verschiedenen Schleifscheibenspezifikationen zu erzielen. Dabei wurde der niedrigste Wert des Geschwindigkeitsverhältnisses für die weichere Schleifscheibenspezifikation TGX120F12VCF5 und der höchste Wert für die Schleifscheibenspezifikation TGX120G12VCF5 benötigt. Da der Einfluss des Schleifscheibenverschleißes in dieser Arbeit nicht betrachtet werden soll, wurde die Schleifscheibe vor jedem Versuchspunkt abgerichtet.

5.6 Auswertung der Schleifkraft im Analogieversuch

Evaluation of the Grinding Force in the Analogy Trial

Kraftmessungen in Fertigungsprozessen erfordern stets eine Strategie zur Auswertung der Kraftsignale. Insbesondere beim Einsatz rotierender Schnittkraftdynamometer muss zu Beginn festgelegt werden, wie die gemessenen Signale relativ zur Kontaktzone ausgewertet werden können. Die für den Analogieversuch zum Tauchschleifen von Kegelrädern verwendete Vorgehensweise ist in **Bild 5-8** dargestellt. Wie in Kapitel 5.2 erläutert, wurden die vom Dynamometer gemessenen Kräfte F_x, F_y und F_z sowie das Drehmoment M_z über den Stator des Dynamometers sowie den zugehörigen Signalverstärker und ein Spannungseingangsmodul mittels der Software

LabVIEW auf einem Messrechner aufgezeichnet. Im Anschluss wurde mit der Software DIAdem eine Auswertung der Rohdaten durchgeführt. Dazu mussten im ersten Schritt die rotierenden Kraftsignale des Dynamometers der F_x, F_y und F_z-Komponente in Bezug auf die Kontaktzone transformiert werden.

Wie in Kapitel 2.7.4 erläutert, wird die Schleifkraft bei Flach- und Rundschleifprozessen in die Komponenten Tangentialkraft F_t und Normalkraft F_n aufgeteilt [WERN73, KLOC17b]. Als dritte Komponente der kartesischen Aufteilung der Schleifkraft tritt bei Flach- und Rundschleifprozessen die Axialkraft F_a in Richtung der Schleifscheibenrotationsachse auf. Um eine kartesische Aufteilung der Schleifkraft zu ermöglichen, müssen die drei Kraftkomponenten senkrecht zueinander ausgerichtet sein.

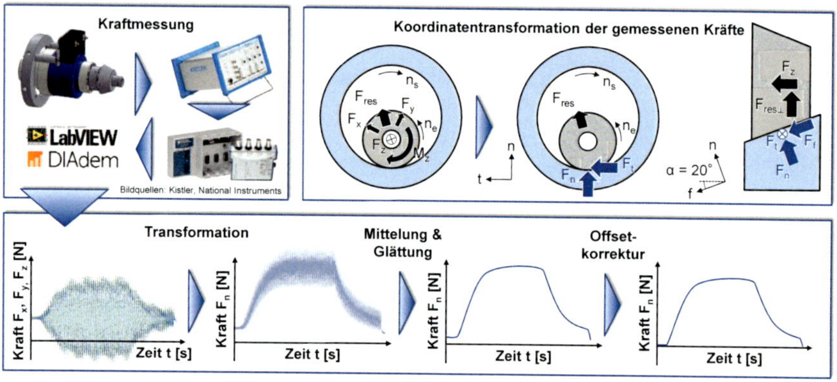

Bild 5-8: Auswertung der Schleifkraft im Analogieversuch
Evaluation of the Grinding Force in the Analogy Trial

Auch für Verzahnungsschleifprozesse, wie beispielsweise das diskontinuierliche Profilschleifen, sind die Hauptkomponenten der Schleifkraft die Tangentialkraft F_t und die Normalkraft F_n [GRIN06]. Um eine Übertragung von anderen Schleifprozessen auf das Tauchschleifen von Kegelrädern und den Analogieversuch zu ermöglichen, ist eine Aufteilung der Schleifkraft in Tangentialkraft und Normalkraft sinnvoll. Da beim Tauchschleifen und im Analogieversuch die Schleifscheibenrotationsachse jedoch nicht senkrecht zu den Werkstückflanken orientiert ist, ist die Kraftaufteilung vom Flach- und Rundschleifen nicht vollständig übertragbar. Um eine kartesische Aufteilung der Schleifkraftkomponenten für das Tauchschleifen von Kegelrädern und im Analogieversuch zu ermöglichen, muss die dritte Komponente neben Tangential- und Normalkraft ebenfalls tangential zur Werkstückoberfläche in Zahnhöhenrichtung ausgerichtet sein. Da diese Kraftkomponente hauptsächlich durch die Tauchvorschubbewegung verursacht wird, wird diese im Folgenden als Vorschubkraft F_f bezeichnet. Die Orientierung der Kraftkomponenten F_t, F_n und F_f im Analogieversuch ist rechts oben in Bild 5-8 dargestellt.

Von den drei Kraftkomponenten F_t, F_n und F_f verursacht lediglich die Tangentialkraft F_t ein Drehmoment um die z-Achse des Dynamometers. Aus diesem Grund kann mit **Formel (5-7)** die Tangentialkraft F_t direkt aus dem gemessenen Drehmoment M_z berechnet werden. Mithilfe der gemessenen Schleifspindelleistung ist darüber hinaus ebenfalls eine Berechnung der Tangentialkraft möglich, vergleiche Formel (4-1). Mit beiden Berechnungsarten konnte die gleiche Tangentialkraft F_t bestimmt werden.

$$F_t = \frac{2 \cdot M_z}{d_{wst}} = \frac{P_c}{v_c} \tag{5-7}$$

F_t	[N]	Tangentialkraft	M_z	[Nm]	Drehmoment um z-Achse
d_{wst}	[mm]	Mittlerer Werkstück-durchmesser	P_c	[W]	Schnittleistung
v_c	[m/s]	Schnittgeschwindigkeit			

Bei der Kraftmessung an rotierenden Bauteilen rotieren die gemessenen Kraftkomponenten F_x und F_y mit dem Dynamometer ohne feste Orientierung zur Kontaktzone. Die Transformation der gemessenen Signale in die Schleifkraftkomponenten kann mithilfe einer Umrechnung der Kräfte F_x und F_y in die resultierende Kraft F_{res} in der xy-Ebene erfolgen, siehe **Formel (5-8)**.

$$F_{res} = \sqrt{{F_x}^2 + {F_y}^2} \tag{5-8}$$

F_{res}	[N]	Resultierende aus F_x und F_y	F_x	[N]	Dynamometerkraft-komponente in x-Richtung
F_y	[N]	Dynamometerkraft-komponente in y-Richtung			

Die Tangentialkraft F_t ist Bestandteil der resultierenden Kraft F_{res}. Aufgrund des Winkels α zwischen den Werkstückflanken und dem Vorschubvektor liegt die Normalkraft F_n nur teilweise in der xy-Ebene. Sowohl die Normalkraft F_n als auch die Vorschubkraft F_f setzen sich aus einem Anteil aus der resultierenden Kraft F_{res} und der Kraft F_z zusammen. Zur Berechnung der Normalkraft F_n und der Vorschubkraft F_f wurde die resultierende Kraft F_{res} in den Anteil der Tangentialkraft F_t und einen Anteil senkrecht zur Mittelachse von Werkstück und Schleifscheibe $F_{res\perp}$ aufgeteilt. Die Berechnung des senkrechten Anteils der resultierenden Kraft erfolgt mithilfe von **Formel (5-9)**.

$$F_{res\perp} = \sqrt{{F_{res}}^2 - {F_t}^2} \tag{5-9}$$

$F_{res\perp}$	[N]	Senkrechter Anteil von F_{res}	F_{res}	[N]	Resultierende aus F_x und F_y
F_t	[N]	Tangentialkraft			

Im Anschluss an die Berechnung des senkrechten Kraftanteils $F_{res\perp}$ können dieser sowie die Kraft F_z in die Kraftkomponenten Normalkraft F_n und Vorschubkraft F_f aufgeteilt werden. Die Aufteilung der Kraftkomponenten wird abhängig vom Winkel α zwischen Werkstückflanken und Vorschubvektor nach **Formeln (5-10)** und **(5-11)** berechnet.

$$F_n = F_{res\perp} \cdot \cos(\alpha) + F_z \cdot \sin(\alpha) \quad (5\text{-}10)$$

$$F_f = -F_{res\perp} \cdot \sin(\alpha) + F_z \cdot \cos(\alpha) \quad (5\text{-}11)$$

F_n	[N]	Normalkraft	$F_{res\perp}$	[N]	Senkrechter Anteil von F_{res}
α	[°]	Winkel zwischen Flanke und Vorschubvektor	F_z	[N]	Dynamometerkraft-komponente in z-Richtung
F_f	[N]	Vorschubkraft			

Die gemessenen, in die Schleifkraftkomponenten F_t, F_n und F_f transformierten Signale zeigen einen charakteristischen Verlauf, siehe zweite Abbildung unten links in Bild 5-8. Diesem Verlauf ist ein Rauschen überlagert, welches auf dynamische Einflüsse zurückgeführt wird. Zur Entwicklung eines Schleifkraftmodells für den Analogieversuch ist die Betrachtung der mittleren Verläufe zielführender. Daher wurden die transformierten Kraftsignale gleitend über ihren Mittelwert geglättet.

Nach der Transformation und Glättung ist ersichtlich, dass bereits vor Beginn der Zerspanung signifikante Kraftsignale auftreten. Diese werden durch das Eigengewicht sowie die Rotation des Versuchsaufbaus und die Ungenauigkeit der Messmittel verursacht. Da die Schleifkraftmodellierung diese Anteile nicht abbilden soll, muss zuletzt eine Offsetkorrektur durchgeführt werden. Dazu wird von jeder gemessenen, transformierten und gemittelten Schleifkraftkomponente jeweils der Mittelwert vor dem ersten Anstieg subtrahiert. Auf die vorgestellte Weise können somit aus den gemessenen Kraftsignalen die Schleifkraftkomponenten F_t, F_n und F_f berechnet werden, die im Anschluss zur Kraftmodellierung verwendet werden sollen.

5.7 Einflussfaktoren auf die Schleifkraft im Analogieversuch

Influence Factors on the Grinding Force in the Analogy Trial

Mithilfe des Analogieversuchs soll ein Modell zur Vorhersage der Schleifkraft beim Tauchschleifen von Kegelrädern abgeleitet werden. Zum Aufbau dieses Modells muss im Analogieversuch der Einfluss verschiedener Faktoren auf die Schleifkraft ermittelt werden. Dies erfolgt anhand des Versuchsplans, welcher in Kapitel 5.4 vorgestellt wurde. Im Folgenden wird untersucht, wie sich verschiedene Prozesskonfigurationen aus Schnittgeschwindigkeit v_c, Zustellung pro Exzenterumdrehung Δs_e bzw. bezogenem Zeitspanungsvolumen Q'_w, mittlerem Werkstückdurchmesser d_{wst} und Schleifscheibenspezifikation auf die Schleifkraftkomponenten im Analogieversuch auswirken.

5.7.1 Variation der Schnittgeschwindigkeit im Analogieversuch

Variation of the Cutting Speed in the Analogy Trial

Zunächst wurde im Analogieversuch der Einfluss der Schnittgeschwindigkeit v_c auf die Schleifkraftkomponenten ermittelt. Insgesamt wurde die Schnittgeschwindigkeit in den Analogieversuchen von v_c = 12 m/s über v_c = 15 m/s auf v_c = 18 m/s angehoben. Der Einfluss der Schnittgeschwindigkeit auf die Spindelleistung P, die Tangentialkraft F_t, die Normalkraft F_n sowie die Vorschubkraft F_f ist in **Bild 5-9** exemplarisch für eine Prozesskonfiguration dargestellt. In dieser Prozesskonfiguration wurden ein mittlerer Werkstückdurchmesser von d_{wst} = 70 mm, eine Schleifscheibenspezifikation TGX120G12VCF5 sowie eine Zustellung pro Exzenterumdrehung Δs_e = 2,3 µm bzw. ein bezogenes Zeitspanungsvolumen Q'_w = 17 mm³/(mm·s) verwendet. Die gleichen Werte für Zustellung und bezogenes Zeitspanungsvolumen ergeben sich beim Kegelradschleifen im betrachteten Referenz-Tauchschleifprozess bei einer Tauchvorschubgeschwindigkeit von $v_{t,K}$ = 10 mm/min.

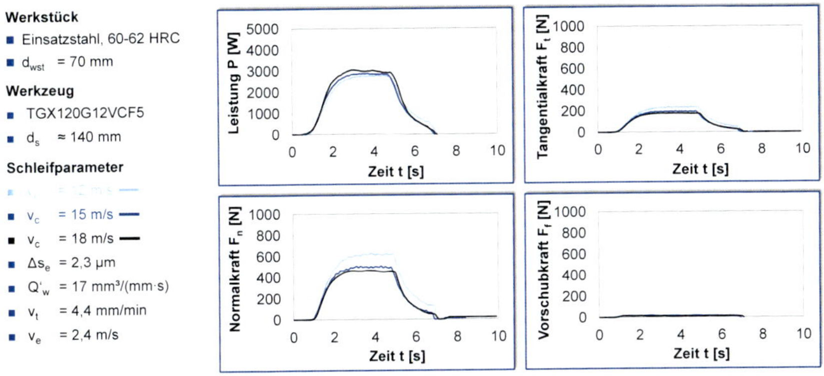

Bild 5-9: Variation der Schnittgeschwindigkeit v_c im Analogieversuch
Variation of the Cutting Speed v_c in the Analogy Trial

Für alle Schnittgeschwindigkeitsvarianten ist der qualitative Verlauf der Spindelleistung und der Schleifkraftkomponenten nahezu identisch. Alle Verläufe weisen zunächst einen Anstieg auf, der etwa 15 Werkstückumdrehungen lang andauert. Darauf folgen eine stationären Phase sowie eine Abnahme auf das Ausgangsniveau während der Verweilzeit. Von den Kraftkomponenten zeigt die Normalkraft F_n für alle Varianten die höchsten Werte von bis zu F_n = 630 N, gefolgt von der Tangentialkraft mit Werten bis zu F_t = 240 N. Die Vorschubkraft ist mit weniger als F_f < 20 N vernachlässigbar.

Das Schnittkraftverhältnis aus Tangentialkraft und Normalkraft liegt für alle Varianten im stationären Zustand zwischen µ = 0,37-0,39. Vor Erreichen des stationären Zustands weist das Schnittkraftverhältnis sogar etwas höhere Werte auf. Eine Zunahme des Schnittkraftverhältnisses wäre ein Indikator dafür gewesen, dass zu Beginn des Prozesses vermehrt elastische und plastische Verformung und wenig Spanbildung stattfinden [KLOC17b]. Somit ist davon auszugehen, dass bereits in der instationären Phase des Kraftanstiegs zu Prozessbeginn ein hoher Anteil des Materials zerspant wird. Da die Normalkraft F_n die mit Abstand größte Komponente ist, wird der Fokus bei den folgenden Einflussanalysen und Modellierungen dem Stand der Technik entsprechend auf die Normalkraft gelegt [WERN71].

Das stationäre Niveau der Spindelleistung P ist für alle Schnittgeschwindigkeiten sehr ähnlich. Für die niedrigste Schnittgeschwindigkeit v_c = 12 m/s ist die Leistung etwas niedriger, für die höchste Schnittgeschwindigkeit v_c = 18 m/s etwas höher. Die Schleifkraftkomponenten zeigen einen umgekehrten Zusammenhang. Dies ist damit zu erklären, dass die Spindelleistung P proportional zum Produkt aus Tangentialkraft F_t und Schnittgeschwindigkeit v_c ist, vergleiche Formel (5-7). Bei den Schleifkraftkomponenten fällt auf, dass im Versuch mit niedriger Schnittgeschwindigkeit v_c = 12 m/s mit vergleichsweise deutlichem Abstand die höchste Kraft auftritt.

Zum besseren Verständnis des Einflusses der Schnittgeschwindigkeit v_c auf die Schleifkraft ist in **Bild 5-10** die stationäre Normalkraft $F_{n,stat}$ in Abhängigkeit von der Schnittgeschwindigkeit für verschiedene Prozesskonfigurationen dargestellt. Die stationäre Normalkraft $F_{n,stat}$ nimmt auch für verschiedene Werkstückdurchmesser d_{wst}, verschiedene Zustellungen Δs_e und verschiedene Schleifscheibenspezifikationen mit der Schnittgeschwindigkeit v_c ab. Die Abnahme ist dabei näherungsweise linear, tendenziell leicht degressiv.

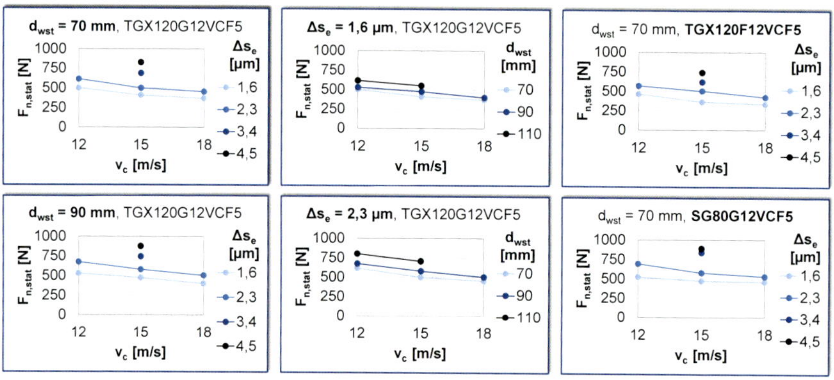

Bild 5-10: Einflussanalyse der Schnittgeschwindigkeit v_c im Analogieversuch

Influence Analysis of the Cutting Speed v_c in the Analogy Trial

Eine Veränderung der Schnittgeschwindigkeit hat keinen Einfluss auf die Schleifprozessproduktivität. Die Erhöhung der Schnittgeschwindigkeit durch eine Erhöhung der Schleifscheibendrehzahl führt jedoch dazu, dass die gleiche Menge Werkstückmaterial durch mehr Schleifkörner zerspant wird. Dadurch ergeben sich eine größere dynamische Schneidenanzahl N_{dyn} und eine geringere Spanungsdicke h_{cu}. Die abnehmende Schleifkraft mit zunehmender Schnittgeschwindigkeit entspricht gängigen Kraftmodellen wie dem Modell nach WERNER (und anderen im Basismodell zusammengefassten Modellierungsansätzen) oder dem Modell nach RÜTTI [WERN71, TÖNS92, RÜTT00]. In der Fachliteratur wird ebenfalls von einer degressiven Abnahme der Kraft mit zunehmender Schnittgeschwindigkeit ausgegangen [KLOC17b].

5.7.2 Variation der Zustellung im Analogieversuch

Variation of the Infeed in the Analogy Trial

Im Anschluss an den Einfluss der Schnittgeschwindigkeit wurde der Einfluss der Zustellung pro Exzenterumdrehung Δs_e auf die Schleifkraftkomponenten untersucht. Wie zuvor erläutert, wurde die Variation der Zustellung Δs_e durch eine Variation der Tauchvorschubgeschwindigkeit v_t erzielt, wodurch sich eine Variation des bezogenen Zeitspanungsvolumens Q'_w ergab. Im Analogieversuch wurde die Zustellung pro Exzenterumdrehung in vier Stufen zwischen Δs_e = 1,6-4,5 µm variiert. Dies entspricht einem bezogenen Zeitspanungsvolumen zwischen Q'_w = 11-33 mm³/(mm·s). Die gleichen Werte ergeben sich beim Kegelradschleifen im Referenz-Tauchschleifprozess bei einer Tauchvorschubgeschwindigkeit zwischen $v_{t,K}$ = 7-20 mm/min.

Im Stichversuch wurde darüber hinaus untersucht, wie sich eine Erhöhung der Zustellung Δs_e auswirkt, wenn durch gleichzeitige Reduzierung der Werkstückgeschwindigkeit v_{wst} das bezogene Zeitspanungsvolumen bei Q'_w = 11 mm³/(mm·s) konstant gehalten wird. In **Bild 5-11** ist der Einfluss der Parametervariation auf die Spindelleistung und die Schleifkraftkomponenten exemplarisch für eine Prozesskonfiguration dargestellt. In dieser Prozesskonfiguration wurden ein mittlerer Werkstückdurchmesser d_{wst} = 70 mm, eine Schleifscheibenspezifikation TGX120G12VCF5 sowie eine Schnittgeschwindigkeit v_c = 15 m/s verwendet.

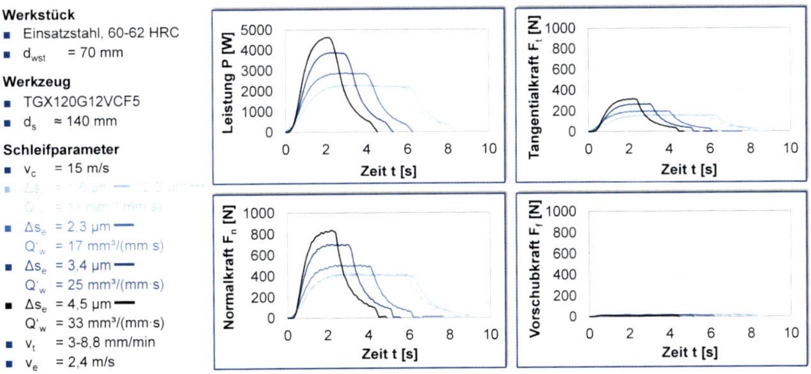

Bild 5-11: Variation der Zustellung Δs_e im Analogieversuch

Variation of the Infeed Δs_e in the Analogy Trial

Die Spindelleistungs- und Schleifkraftverläufe sind vergleichbar zu den zuvor ermittelten Verläufen. Da die Tauchvorschubgeschwindigkeit v_t im Prozess variiert wurde, sind die Prozessdauern unterschiedlich. Der Anstieg der Prozesskraft auf das stationäre Niveau dauert für alle Varianten vergleichbar lange. Für den höchsten Wert der Zustellung und des bezogenen Zeitspanungsvolumens stellt sich so gut wie kein stationäres Kraftniveau ein. Es ist anzunehmen, dass sich für höhere Zeitspanungsvolumina Q'_w

sowie geringere Gesamtzustellungen Δs_{ges} < 100 µm kein stationäres Kraftniveau einstellt. Höhere Zustellungen Δs_e und dementsprechend höhere bezogene Zeitspanungsvolumina Q'_w führen zu höheren maximalen Spindelleistungen und Schleifkraftkomponenten. Für das höchste bezogene Zeitspanungsvolumen $Q'_w = 33$ mm³/(mm·s) tritt eine maximale Normalkraft $F_n = 825$ N auf. Das Schnittkraftverhältnis aus Tangentialkraft und Normalkraft liegt erneut für alle Varianten zwischen $\mu = 0{,}37\text{-}0{,}39$.

Anhand des Stichversuchs ist zu sehen, dass sich bei konstantem bezogenem Zeitspanungsvolumen $Q'_w = 11$ mm³/(mm·s) auch bei unterschiedlicher Zustellung pro Exzenterumdrehung $\Delta s_e = 1{,}6$ µm bzw. $\Delta s_e = 2{,}3$ µm ein nahezu identischer Schleifkraftverlauf ergibt. Die höhere Zustellung Δs_e führt zu höheren Spanungsdicken, welchen jedoch durch die langsamere Werkstückrotation entgegengewirkt wird [KLOC17b]. Die entgegengesetzten Effekte scheinen sich also weitgehend aufzuheben. Insgesamt bestätigen alle durchgeführten Versuche, auch mit anderen Prozesskonfigurationen, eine Zunahme der Schleifkraft mit Erhöhung des Zeitspanungsvolumens, siehe **Bild 5-12**.

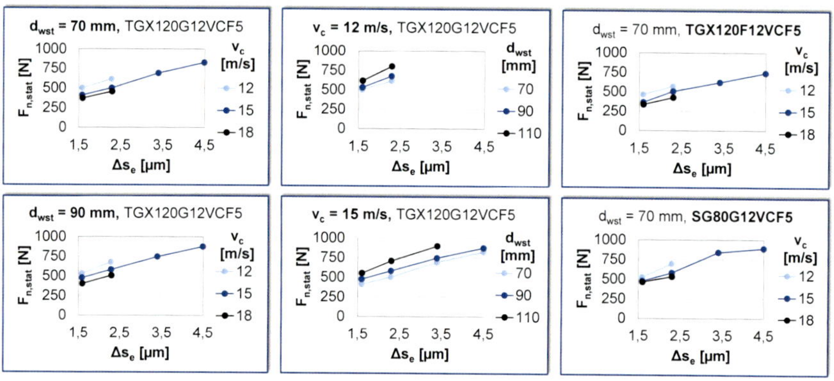

Bild 5-12: Einflussanalyse der Zustellung Δs_e im Analogieversuch

Influence Analysis of the Infeed Δs_e in the Analogy Trial

Auch für verschiedene Werkstückdurchmesser d_{wst}, Schnittgeschwindigkeiten v_c und Schleifscheibenspezifikationen nimmt die stationäre Normalkraft $F_{n,stat}$ mit der Zustellung Δs_e bzw. dem bezogenen Zeitspanungsvolumen Q'_w und der Tauchvorschubgeschwindigkeit v_t zu. Der Anstieg ist etwa linear, oft leicht degressiv. Die höhere Zustellung Δs_e führt dazu, dass mehr Schneiden N_{dyn} mit höherer mittlerer Spanungsdicke h_{cu} bzw. höherem Spanungsquerschnitt A_{cu} in den Eingriff kommen. Beide Effekte führen zu einer Zunahme der Schleifkraft. Die festgestellte Zunahme der Schleifkraft mit der Zustellung entspricht gängigen Modellansätzen [WERN71, TÖNS92, RÜTT00]. In der Fachliteratur wird ebenfalls ein degressiver Anstieg der Kraft mit der Zustellung und dem Zeitspanungsvolumen beschrieben [KLOC17b].

5.7.3 Variation des Werkstückdurchmessers im Analogieversuch

Variation of the Workpiece Diameter in the Analogy Trial

Neben den Prozessparametern wurde der Einfluss des mittleren Werkstückdurchmessers d_{wst} im Analogieversuch untersucht. Dazu wurden drei mittlere Analogiewerkstückdurchmesser d_{wst} = 70 mm, 90 mm und 110 mm eingesetzt. Der größte Analogiewerkstückdurchmesser d_{wst} = 140 mm konnte aufgrund von Schwingungen und des hohen Risikos einer unzureichenden Kontaktzonenkühlung nicht eingesetzt werden. Durch die Durchmesservariation sollte der Einfluss der Werkstückgeometrie sowie der Kontaktbogenlänge l_k auf die Schleifkraft bestimmt werden. Für die kleineren Werkstückdurchmesser lagen die Kontaktbogenlängen mit wenigen Millimetern jedoch deutlich unter den Kontaktbogenlängen beim Tauchschleifen von Kegelrädern.

In **Bild 5-13** ist der Einfluss des mittleren Analogiewerkstückdurchmessers auf die Spindelleistung und die Schleifkraftkomponenten exemplarisch für eine Prozesskonfiguration dargestellt. In dieser Prozesskonfiguration wurden die Schleifscheibenspezifikation TGX120G12VCF5, eine Schnittgeschwindigkeit v_c = 15 m/s sowie eine Zustellung pro Exzenterumdrehung Δs_e = 2,3 µm bzw. ein bezogenes Zeitspanungsvolumen Q'_w = 17 mm³/(mm·s) verwendet. Die gleichen Werte für Zustellung und bezogenes Zeitspanungsvolumen ergeben sich beim betrachteten Referenz-Tauchschleifprozess bei einer Tauchvorschubgeschwindigkeit von $v_{t,K}$ = 10 mm/min.

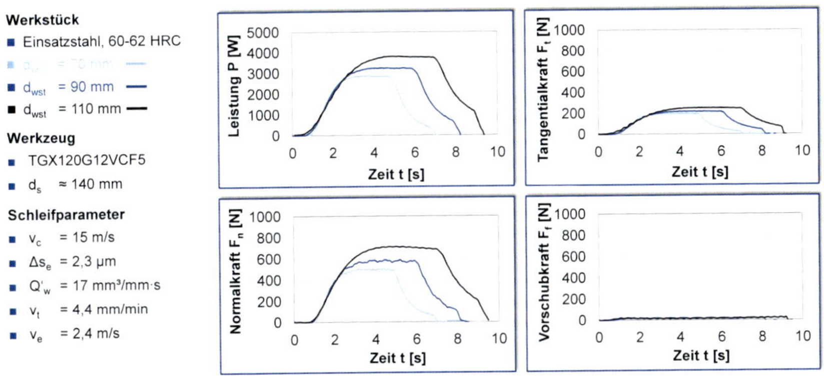

Bild 5-13: Variation des Werkstückdurchmessers d_{wst} im Analogieversuch

Variation of the Workpiece Diameter d_{wst} in the Analogy Trial

Der qualitative Verlauf ist für alle Werkstückdurchmesser sehr ähnlich. Der Anstieg der Schleifkraft verläuft mit gleicher Steigung, die Dauer des Kraftanstiegs ist jedoch für größere Werkstückdurchmesser länger. Für den größten Werkstückdurchmesser d_{wst} = 110 mm steigt die Kraft über 20 Werkstückumdrehungen auf eine maximale Normalkraft von F_n = 710 N. Für alle Varianten liegt das Schnittkraftverhältnis zwischen μ = 0,35-0,39 µm. Dabei nimmt das Schnittkraftverhältnis mit zunehmendem Werkstückdurchmesser d_{wst} ab. Das bedeutet, dass für größere Werkstückdurchmesser schlechtere Zerspanbedingungen vorliegen [KLOC17b]. Dies kann damit zusammenhängen, dass aufgrund der größeren Zerspankräfte stärkere Schwingungen auftreten, welche möglicherweise einen negativen Einfluss auf die Spanbildung ausüben.

In **Bild 5-14** ist aufgezeigt, dass die Zunahme der stationären Normalkraft $F_{n,stat}$ mit zunehmendem Werkstückdurchmesser auch für verschiedene Schnittgeschwindigkeiten v_c, Zustellungen pro Exzenterumdrehung Δs_e und Schleifscheibenspezifikationen auftritt. Für die verwendete Referenzschleifscheibenspezifikation TGX120G12VCF5 ist der Anstieg dabei leicht progressiv. Für die anderen beiden Schleifscheibenspezifikationen TGX120F12VCF5 und SG80G12VCF5 ergibt sich ein etwa linearer bis leicht degressiver Anstieg der stationären Normalkraft $F_{n,stat}$, siehe Bild 5-14 rechts. Dieser Unterschied kann jedoch auch dadurch bedingt sein, dass mit der Werkstückvariante d_{wst} = 110 mm vermehrt Schwingungen aufgetreten sind, welche das Ergebnis verfälschen und durch die verwendete Schleifscheibenspezifikation beeinflusst werden.

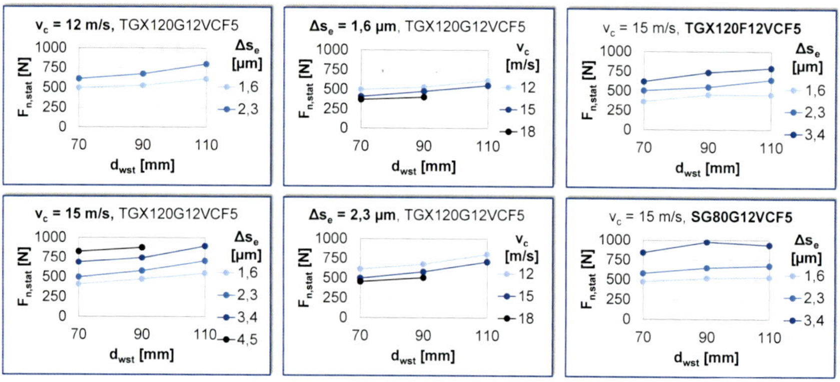

Bild 5-14: Einflussanalyse Werkstückdurchmesser d_{wst} im Analogieversuch
Influence Analysis Workpiece Diameter d_{wst} in the Analogy Trial

Die Zunahme der Schleifkraft mit erhöhtem Werkstückdurchmesser wurde auch in den Untersuchungen im Analogieversuch zum Verzahnungshonen von KAMPKA festgestellt [KAMP17]. Der Anstieg ist mit der Zunahme der Kontaktbogenlänge l_k mit zunehmendem äquivalenten Schleifscheibendurchmesser zu erklären, vergleiche Formeln (2-2) und (2-3) [WERN71]. Eine Zunahme des äquivalenten Schleifscheibendurchmessers d_{eq} führt auch bei den nach TÖNSHOFF zusammengefassten Basismodellen der Schleifkraft zu einem Anstieg der Schleifkraft [WERN71, TÖNS92].

5.7.4 Variation der Schleifscheibenspezifikation im Analogieversuch

Variation of the Grinding Wheel Specification in the Analogy Trial

Als letzter Einflussfaktor wurde untersucht, wie sich die Schleifscheibenspezifikation auf die Schleifkraft auswirkt. Dazu wurden drei Schleifscheibenspezifikationen TGX120F12VCF5, TGX120G12VCF5 und SG80G12VCF5 der Firma Saint-Gobain eingesetzt. Gegenüber der zuvor verwendeten Spezifikation TGX120G12VCF5 weist die Spezifikation TGX120F12VCF5 eine geringere Bindungshärte auf. Die Spezifikation SG80G12VCF5 hat dagegen eine ähnliche Bindungshärte, enthält statt stäbchenförmigem allerdings ein konventionelles Sinterkorundkorn. In **Bild 5-15** ist exemplarisch der Einfluss der Schleifscheibenspezifikation auf die Spindelleistung und die Schleifkraftkomponenten für eine Prozesskonfiguration dargestellt.

In dieser Prozesskonfiguration wurden ein mittlerer Werkstückdurchmesser d_{wst} = 70 mm, eine Schnittgeschwindigkeit v_c = 15 m/s sowie eine Zustellung pro Exzenterumdrehung Δs_e = 2,3 µm bzw. ein bezogenes Zeitspanungsvolumen Q'_w = 17 mm³/(mm·s) verwendet. Die gleichen Werte für Zustellung und bezogenes Zeitspanungsvolumen ergeben sich beim Kegelradschleifen im Referenz-Tauchschleifprozess bei einer Tauchvorschubgeschwindigkeit von $v_{t,K}$ = 10 mm/min.

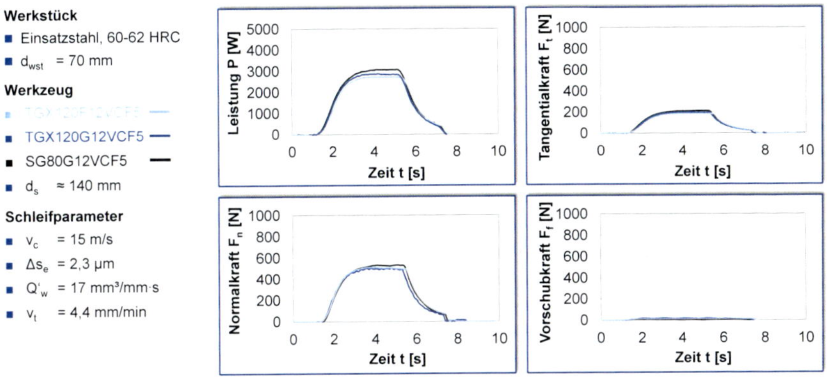

Bild 5-15: Einfluss der Schleifscheibenspezifikation im Analogieversuch

Influence of the grinding wheel specification in the analogy trial

Für alle drei Schleifscheibenspezifikationen sind die Verläufe sehr ähnlich. Wie auch in den gezeigten Versuchen wurde für alle Varianten ein Schnittkraftverhältnis im Bereich von µ = 0,37-0,39 ermittelt. Tendenziell ergaben sich für die Schleifscheibe mit der niedrigeren Bindungshärte TGX120F12VCF5 geringere Werte für das Schnittkraftverhältnis. Dies ist vermutlich damit zu erklären, dass bei höherer Schleifscheibenhärte die Zerspanung früher einsetzt, wodurch die Tangentialkraft ansteigt [KLOC17b]. Bei den beiden Schleifscheiben mit stäbchenförmigem Sinterkorund ist das Kraftniveau ähnlich, wobei die Werte für die härtere Schleifscheibenspezifikation etwas höher liegen. Lediglich für die Schleifscheibe mit konventionellem Sinterkorund ist das Kraftniveau signifikant erhöht. Dieses Ergebnis konnte auch für unterschiedliche Prozesskonfigurationen bestätigt werden. Die erhöhte Kraft beim Schleifen mit dem konventionellen gegenüber dem stäbchenförmigen Sinterkorund kann ein Indikator für eine geringere Schnittfreudigkeit des konventionellen Korns sein [KLOC17b].

5.8 Fazit

Conclusion

Zu Beginn der zuvor präsentierten Untersuchungen wurde ein Analogieversuch für das Tauchschleifen von Kegelrädern abgeleitet, um eine systematische Analyse des Prozessparametereinflusses auf die Schleifkraft zu ermöglichen. Basierend auf theoretischen Betrachtungen wurde ein Versuchsaufbau mit konischem Werkstück und Werkzeug auf einer Verzahnungshonmaschine als geeignet ermittelt. Aus einem Vergleich der Spanungskenngrößen beim Tauchschleifen von Kegelrädern mit denen im Analogieversuch wurde anschließend ein Versuchsplan abgeleitet.

Im Analogieversuch wurde festgestellt, dass unabhängig von den Prozessstellgrößen ein Anstieg der Schleifkraft zu Beginn der Bearbeitung auftritt, gefolgt von einem stationären Niveau und einer Abnahme auf das Ausgangsniveau. Der Anstieg sowie die Ausprägung des stationären Niveaus waren dabei von den Prozessstellgrößen abhängig. Für hohe bezogene Zeitspanungsvolumina Q'_w stellte sich erst bei hohen Gesamtzustellungen Δs_{ges} ein stationäres Niveau ein. Für geringere Gesamtzustellungen Δs_{ges} und höhere bezogene Zeitspanungsvolumina Q'_w ist daher davon auszugehen, dass kein stationäres Kraftniveau erreicht wird. Für alle Prozessvarianten wurde festgestellt, dass die Normalkraft F_n die höchste Kraftkomponente darstellt gefolgt von der Tangentialkraft F_t. Das Schnittkraftverhältnis μ war dabei jeweils ähnlich.

Bei der Untersuchung des Einflusses der Prozessstellgrößen wurde ermittelt, dass eine Zunahme der Schnittgeschwindigkeit v_c zu einer Abnahme der stationären Normalkraft $F_{n,stat}$ führt. Höhere Tauchvorschubgeschwindigkeiten v_t und die dadurch bedingte Zunahme der Zustellung pro Exzenterumdrehung Δs_e sowie des bezogenen Zeitspanungsvolumens Q'_w führen wiederum zu einer Zunahme der stationären Normalkraft $F_{n,stat}$. Diese Ergebnisse stimmen mit dem Stand der Technik überein [WERN71, TÖNS92, RÜTT00, KLOC17b]. Ebenfalls konnte eine Zunahme der stationären Normalkraft $F_{n,stat}$ mit dem Analogiewerkstückdurchmesser d_{wst} festgestellt werden. Zudem wurde ermittelt, dass sich für unterschiedliche Schleifscheibenspezifikationen ähnliche qualitative Schleifkraftverläufe, jedoch unterschiedliche stationäre Normalkräfte $F_{n,stat}$ ergeben. Mithilfe der Ableitung und Durchführung der Analogieversuche war somit eine Beantwortung der zweiten Forschungsfrage möglich, wie der lokale und zeitliche Verlauf der Schleifkraftkomponenten erfasst werden kann.

Basierend auf den erlangten Erkenntnissen soll die Modellbildung zur Vorhersage der Schleifkraft im Analogieversuch zum Tauchschleifen von Kegelrädern erfolgen. Im Analogieversuch wurde festgestellt, dass nicht mit jeder Prozesskonfiguration ein ausgeprägtes stationäres Prozesskraftniveau erreicht wird. Dies wird auf Nachgiebigkeitseffekte zurückgeführt. Daher wird im Folgenden zunächst die Nachgiebigkeit im Analogieversuch untersucht. Auf diese Weise soll der nachgiebigkeitsbedingte Anstieg der Schleifkraft zu Beginn des Prozesses modelliert werden können.

6 Analyse der Nachgiebigkeit im Analogieversuch

Analysis of the Elasticity in the Analogy Trial

Die Nachgiebigkeit in Schleifprozessen kann einen signifikanten Einfluss auf die Kontaktbedingungen und die Schleifkraft haben [BOCK87]. Aufgrund des instationären Verlaufs der mittleren Schleifkraft beim Tauchschleifen von Kegelrädern ist davon auszugehen, dass der Einfluss der Nachgiebigkeit bei der Schleifkraftmodellierung nicht vernachlässigt werden kann. Zur Entwicklung eines Schleifkraftmodells für den Analogieversuch zum Tauchschleifen von Kegelrädern wird im Folgenden die Nachgiebigkeit des Versuchsaufbaus untersucht.

6.1 Ermittlung der Nachgiebigkeit im Analogieversuch

Determination of the Elasticity in the Analogy Trial

Die Untersuchung der statischen Gesamtsystemsteifigkeit k_e bzw. Gesamtsystemnachgiebigkeit $1/k_e$ erfolgt in der Regel mithilfe von Verlagerungsmessungen [WECK06, BREC17a]. Ein Messaufbau zur Bestimmung der Steifigkeit und der daraus resultierenden Verlagerung an einer Fräsmaschine wurde in der Vornorm DIN V 8602 vorgeschlagen, siehe **Bild 6-1** links [DINV90]. Zur Bestimmung der statischen Steifigkeit wird in der Kontaktzone mithilfe eines Hydraulikkolbens eine Kraft eingeleitet und simultan die resultierende Verlagerung erfasst. Aus der daraus bestimmten Last-Verformungskennlinie kann anschließend die Systemsteifigkeit bestimmt werden.

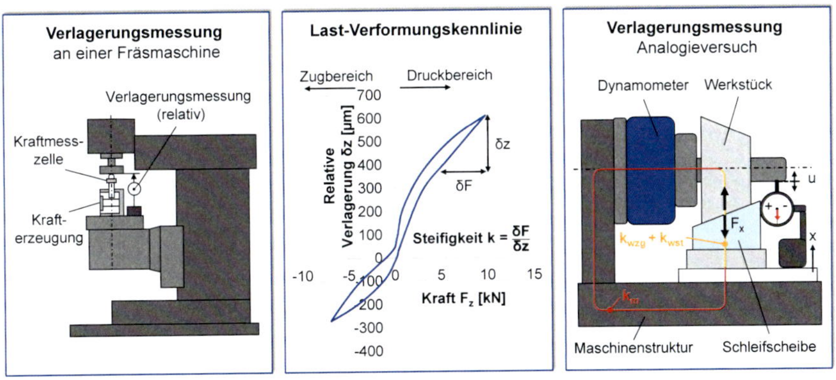

Bild 6-1: Verlagerungsmessung an Werkzeugmaschinen [DINV90, BREC17a]

Displacement Measurement on Machine Tools [DINV90, BREC17a]

In Anlehnung an die Vornorm DIN V 8602 sollte bestimmt werden, welche Gesamtsystemsteifigkeit k_e die im Kraftfluss liegenden Komponenten im Analogieversuch zum Tauchschleifen von Kegelrädern aufweisen, siehe Bild 6-1 rechts [DINV90]. Dazu wurden Verlagerungsmessungen unter statischer Last im gleichen Versuchsaufbau wie zuvor die Analogieschleifversuche durchgeführt, vergleiche Kapitel 5.2.

In **Bild 6-2** links ist der Ausgangszustand des Versuchsaufbaus dargestellt. Im Ausgangszustand befand sich das Werkstück gerade so im Kontakt mit der Schleifscheibe, dass eine Berührung vorlag, das Dynamometer aber noch keine Kraft anzeigte. Von dieser Position aus wurde die Werkzeugaufnahme in positiver x-Richtung in diskreten Schritten von $\Delta x = 3\ \mu m$ verfahren. Durch die Aufwärtsbewegung der Schleifscheibe bei stehendem Werkstück ergab sich eine Kraft F_x in der Kontaktzone zwischen Werkstück und Schleifscheibe. Zur Bestimmung der Gesamtsystemsteifigkeit k_e wurde simultan zur Verfahrbewegung x die Kontaktkraft F_x mithilfe des Dynamometers erfasst. Wenn die Kraftaufbringung und die Positionsüberwachung direkt über die Maschine erfolgen, kann lediglich die relative, auf die Kontaktzone bezogene Gesamtsteifigkeit k_e bestimmt werden. Diese ermöglicht jedoch die Abschätzung der Auswirkung der Nachgiebigkeit auf den Prozess.

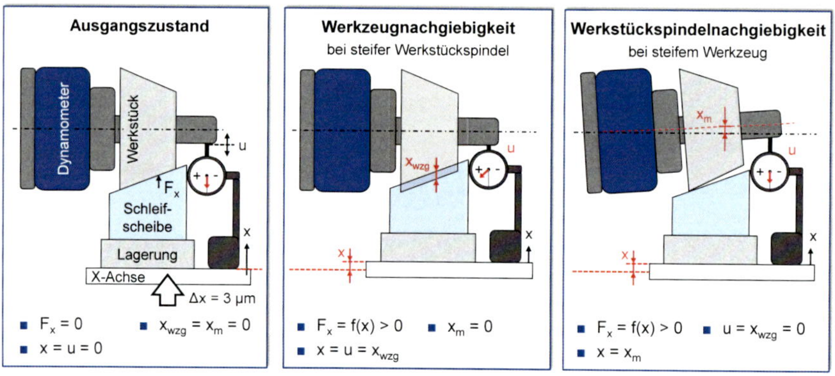

Bild 6-2: Nachgiebigkeitseinfluss im Analogieversuch
Elasticity Influence in the Analogy Trial

Die Aufbringung der Kontaktkraft führt zu einer Verformung der Systemkomponenten. Diese besteht im Analogieversuch aus der Verformung der Maschine x_m, des Werkzeugs x_{wzg} und des Werkstücks x_{wst}, siehe **Formel (6-1)**. Wie hoch die bei der Verfahrbewegung auftretende Kraft ist und wie sich die Gesamtverformung zusammensetzt, ergibt sich aus den Steifigkeiten der einzelnen Systemkomponenten.

$$x = x_m + x_{wzg} + x_{wst} \approx x_m + x_{wzg} \quad (6\text{-}1)$$

x	[µm]	Verfahrbewegung der x-Achse	x_m	[µm]	Maschinenverformung
x_{wzg}	[µm]	Werkzeugverformung	x_{wst}	[µm]	Werkstückverformung

Zur Aufteilung der Verlagerung und der Steifigkeit wurde neben der Verfahrbewegung die relative Verlagerung zwischen der Werkzeugaufspannung und der Werkstückaufspannung mit einer Messuhr erfasst. Diese wurde mit der Werkzeugaufspannung verfahren und auf die Werkstückaufspannung gerichtet, siehe Bild 6-2.

Der Ausschlag der Messuhr u beinhaltet die Verformung des Werkstücks x_{wst} sowie des Werkzeugs x_{wzg}, welche aus der Verformung der Schleifscheibe und ihrer Lagerung zusammengesetzt ist, siehe **Formel (6-2)**. Auf Basis des hohen Elastizitätsmoduls von Stahl wird davon ausgegangen, dass die Nachgiebigkeit des Werkstücks gegenüber der Nachgiebigkeit des Werkzeugs nur eine untergeordnete Rolle spielt. Die Verfahrbewegung der Werkzeugaufnahme x kann somit nach Formel (6-1) in die Verformung von Maschine x_m und Werkzeug x_{wzg} aufgeteilt werden.

$$u = x - x_m = x_{wzg} + x_{wst} \approx x_{wzg} \tag{6-2}$$

u	[µm]	Ausschlag der Messuhr	x	[µm]	Weg der x-Achse
x_m	[µm]	Maschinenverformung	x_{wzg}	[µm]	Werkzeugverformung

Zur Verdeutlichung der erläuterten Zusammenhänge sind in Bild 6-2 zwei Grenzfälle der Nachgiebigkeit dargestellt. Im ersten Fall ist der Einfluss eines nachgiebigen Werkzeugs bei idealsteifer Maschine dargestellt. Da die Maschine nicht nachgibt (x_m = 0), geht die Verfahrbewegung der x-Achse vollständig in eine Verformung des Werkzeugs x_{wzg} über. Die Messuhr, die mit der x-Achse verfahren wird, federt um den Betrag der Werkzeugverformung x_{wzg} ein.

Im zweiten Grenzfall wird von einer nachgiebigen Maschine bei idealsteifem Werkzeug ausgegangen. Basierend auf früheren Untersuchungen wird angenommen, dass der Großteil der Maschinenverformung x_m durch die Nachgiebigkeit der Werkstückspindel mit Dynamometer bedingt ist. Da das Werkzeug nicht nachgibt (x_{wzg} = 0), entspricht die Verformung der Maschine x_m dem gesamten Verfahrweg der x-Achse. Weil somit keine Relativverlagerung zwischen und Werkzeugaufspannung und Werkstückaufspannung auftritt, zeigt die Messuhr keinen Ausschlag an (u = 0). In dem vorliegenden Versuchsaufbau ist von einer überlagerten Nachgiebigkeit von Werkzeug und Werkstückspindel auszugehen, siehe **Bild 6-3** links.

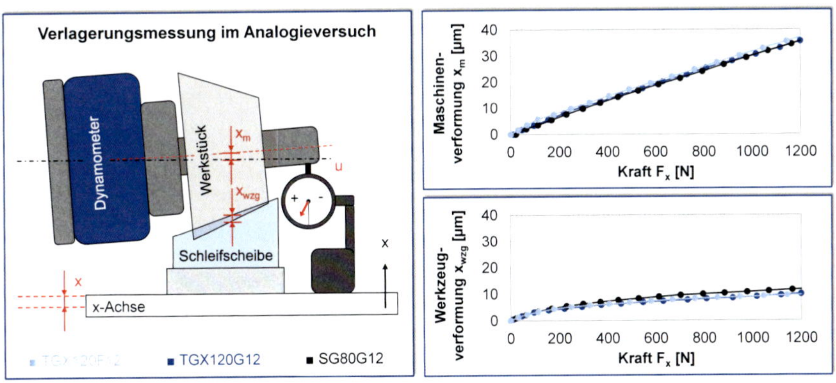

Bild 6-3: Verlagerungsmessung im Analogieversuch
Displacement Measurement in the Analogy Trial

Mithilfe der Formeln (6-1) und (6-2) können aus dem erfassten Verfahrweg der Werkzeugaufnahme in x-Richtung sowie den Werten der Messuhr die Verformung der Maschine x_m und des Werkzeugs x_{wzg} bestimmt werden. Diese sind für den Analogieversuch für alle Schleifscheibenspezifikationen und den verwendeten Werkstückdurchmesser d_{wst} = 110 mm über der gemessenen Kontaktkraft F_x rechts in Bild 6-3 jeweils als Mittelung aus drei Einzelmessungen aufgetragen. Der untersuchte Bereich der Kraft 0 N ≤ F_x ≤ 1200 N wurde dabei so gewählt, dass die maximalen aufgetretenen Kräfte aus den Analogieschleifversuchen dadurch abgedeckt werden, vergleiche Kapitel 5.7. Die Maschinenverformung x_m weist einen linearen Verlauf über der Kraft auf. Dies stimmt mit der Erwartung für auskragende Komponenten wie der Werkstückspindel überein, welche auch als Biegebalken angenähert werden können [BREC17a]. Die Werkzeugverformung x_{wzg} nimmt für alle Varianten degressiv zu, was einem nichtlinearelastischen Materialverhalten entspricht. Dies wird darauf zurückgeführt, dass bei niedrigen Lasten zunächst Poren in den Schleifscheiben komprimiert werden.

Zur genaueren Bewertung wurden aus der Maschinenverformung x_m die Steifigkeit und die Nachgiebigkeit ermittelt, wie in **Bild 6-4** dargestellt. Zur Gegenüberstellung wurde die Maschinensteifigkeit auf zwei Weisen berechnet. Die Gesamtsteifigkeit der Maschine k_m für den Verfahrschritt i der Werkzeugaufspannung wurde als Quotient der Gesamtkontaktkraft F_x und der Gesamtverformung der Maschine x_m nach **Formel (6-3)** bestimmt.

$$k_{m,i} = \frac{F_{x,i}}{x_{m,i}} \tag{6-3}$$

$k_{m,i}$	[N/µm]	Maschinensteifigkeit Schritt i	$F_{x,i}$	[N]	Kontaktkraft Schritt i
$x_{m,i}$	[µm]	Maschinenverformung Schritt i			

Diese Berechnungsweise ist jedoch nur für lineare Steifigkeitsverläufe geeignet. Eine über der Kraft variierende Steifigkeit kann mit dieser Berechnung nicht abgebildet werden. Aus diesem Grund wurde zusätzlich eine differenzielle Steifigkeit k^*_m nach **Formel (6-4)** bestimmt. Diese differenzielle Steifigkeit entspricht der momentanen Änderung der Maschinenverformung x_m zwischen den Verfahrschritten i und i+1, ohne den vorherigen Verlauf der Verformung zu berücksichtigen.

$$k^*_{m,i} = \frac{F_{x,i+1} - F_{x,i}}{x_{m,i+1} - x_{m,i}} \tag{6-4}$$

$k^*_{m,i}$	[N/µm]	Differenzielle Maschinensteifigkeit Schritt i+1	$F_{x,i+1}$	[N]	Kontaktkraft Schritt i+1
$F_{x,i}$	[N]	Kontaktkraft Schritt i	$x_{wst,i+1}$	[µm]	Maschinenverformung Schritt i+1
$x_{wst,i}$	[µm]	Maschinenverformung Schritt i			

In Bild 6-4 sind die Gesamtsteifigkeit k_m, die differenzielle Steifigkeit k^*_m sowie die jeweiligen Kehrwerte Gesamtnachgiebigkeit $1/k_m$ und differenzielle Nachgiebigkeit $1/k^*_m$ der Maschine dargestellt. Die Gesamtsteifigkeit der Maschine k_m weist für die beiden härteren Schleifscheibenspezifikationen TGX120G12VCF5 und SG80G12VCF5 einen nahezu konstanten Wert von ca. k_m = 30 N/µm auf. Für die weichere Schleifscheibe TGX120F12VCF5 wurde bei niedrigeren Kräften eine geringere Gesamtsteifigkeit der Maschine k_m festgestellt. Da diese jedoch nicht durch die Schleifscheibenspezifikation beeinflusst werden sollte, ist hier eher von einer Messungenauigkeit auszugehen.

Weil bei der weicheren Schleifscheibe TGX120F12VCF5 nur die ersten Messpunkte abweichen, unterscheidet sich die differenzielle Steifigkeit der Maschine k^*_m der drei Schleifscheiben nur bei geringen Kräften. Schon bei einer Kontaktkraft von F_x = 30 N weist die differenzielle Steifigkeit für alle drei Schleifscheiben nahezu übereinstimmende Werte auf. Diese steigen zunächst an, bis sich ab einer Kraft $F_x \approx$ 500 N ein etwa konstanter Wert der differenziellen Steifigkeit von $k^*_m \approx$ 35 N/µm einstellt. Die geringere Steifigkeit bei geringeren Kräften wird Reibeffekte zurückgeführt, vergleiche auch Bild 6-1 [WECK06].

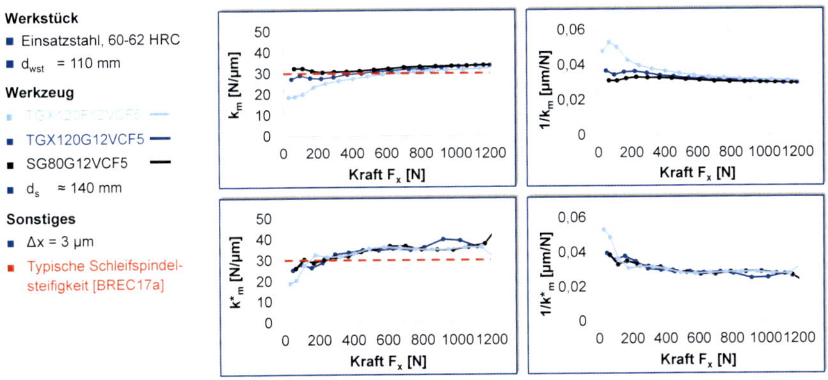

Bild 6-4: Maschinennachgiebigkeit im Analogieversuch

Elasticity of the Machine in the Analogy Trial

Die Gesamtnachgiebigkeit $1/k_m$ sowie die differenzielle Nachgiebigkeit $1/k^*_m$ der Maschine verhalten sich umgekehrt proportional zu den zugehörigen Steifigkeitskennwerten. Auch hier ist zu sehen, dass die differenzielle Nachgiebigkeit $1/k^*_m$ für die drei Schleifscheiben sehr ähnliche Werte annimmt, die über dem Großteil der Belastung nahezu konstant sind. Es ist daher davon auszugehen, dass eine Abbildung der Maschine als lineare Feder mit der differenziellen Steifigkeit $k^*_m \approx$ 35 N/µm ausreichend genau ist, um die auftretende Verformung im Analogieversuch zum Tauchschleifen von Kegelrädern abzuschätzen.

In **Bild 6-5** sind die Gesamtsteifigkeit k_{wzg}, die differenzielle Steifigkeit k^*_{wzg} sowie die jeweiligen Kehrwerte Gesamtnachgiebigkeit $1/k_{wzg}$ und differenzielle Nachgiebigkeit $1/k^*_{wzg}$ des Werkzeugs für die drei verschiedenen Schleifscheiben dargestellt. Hierbei wird ein signifikanter Unterschied zwischen den Gesamtwerten und den differenziellen Werten deutlich. Das bedeutet, dass die Verformung des Werkzeugs x_{wzg} einen nichtlinearen Verlauf aufweist, vergleiche Bild 6-3. Dies führt zu einer Veränderung der Steifigkeit und der Nachgiebigkeit mit der Kontaktkraft. Aus diesem Grund ist die Berechnung der Gesamtsteifigkeit k_{wzg} bzw. Gesamtnachgiebigkeit $1/k_{wzg}$ des Werkzeugs aus der Kontaktkraft und der Gesamtverformung nicht sinnvoll. Die berechnete differenzielle Steifigkeit k^*_{wzg} des Werkzeugs zeigt für alle Schleifscheiben bis zu einer Kontaktkraft von $F_x \approx 900$ N einen kontinuierlichen Anstieg. Dieser wird darauf zurückgeführt, dass die Schleifscheiben unter Last zunehmend komprimiert und somit steifer werden.

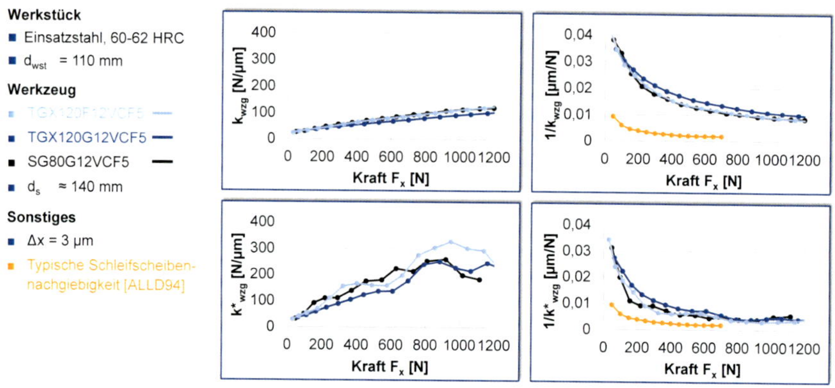

Bild 6-5: Werkzeugnachgiebigkeit im Analogieversuch
Elasticity of the Tool in the Analogy Trial

Neben den gemessenen Nachgiebigkeiten aus den Analogieversuchen ist in Bild 6-5 eine typische Schleifscheibennachgiebigkeit dargestellt, die in früheren Untersuchungen ermittelt wurde [ALLD94]. Diese weist einen ähnlichen Verlauf über der Kraft auf, liegt jedoch unter den im Analogieversuch festgestellten Werten. Zur besseren Einordnung wurde aus den im Analogieversuch bestimmten Verformungen mithilfe von auf der HERTZ'schen Theorie basierenden Formeln der Elastizitätsmodul berechnet [HERT82, KUNZ02]. Unter der Annahme, dass die Werkzeugverformung nur durch die Schleifscheibe bedingt ist, ergibt sich ein mit zunehmender Kontaktkraft zunehmender Elastizitätsmodul der Schleifscheibe von $E_s < 12000$ N/mm². Dieser Wert ist niedriger als die vom Schleifscheibenhersteller angegebenen Werte. Basierend auf diesen Betrachtungen ist davon auszugehen, dass die Nachgiebigkeit $1/k^*_{wzg}$ nur teilweise durch die Schleifscheibe bedingt ist und die Lagerung der Schleifscheibe und das Werkstück ebenfalls zur Nachgiebigkeit beitragen.

Insgesamt ist die im Analogieversuch ermittelte Werkzeugsteifigkeit k_{wzg} im Bereich der aufgetretenen Prozesskräfte wesentlich größer als die Steifigkeit der Maschine mit Dynamometer k_m. Dementsprechend ist davon auszugehen, dass die Abbildung des Systems als lineare Feder ausreichend genau für eine Abschätzung der Systemverformung ist. Zur Bestimmung der Steifigkeit k_e des Systems muss zunächst die Nachgiebigkeit bestimmt werden. In Anlehnung an Formel (2-9) wurde die Gesamtsystemsteifigkeit k_e aus den differenziellen Steifigkeiten bzw. Nachgiebigkeiten von Maschine und Werkzeug nach **Formel (6-5)** berechnet [MALK08].

$$\frac{1}{k_e} = \frac{1}{k_m^*} + \frac{1}{k_{wzg}^*} \qquad (6\text{-}5)$$

k_e	[N/μm]	Gesamtsystemsteifigkeit	k_m^*	[N/μm]	Differenzielle Maschinensteifigkeit
k_{wzg}^*	[N/μm]	Differenzielle Werkzeugsteifigkeit			

Für die Berechnung wurden die differenziellen Steifigkeiten von Maschine und Werkzeug basierend auf einer Mittelung der Versuchsergebnisse zu $k^*_m \approx 35$ N/μm und $k^*_{wzg} \approx 200$ N/μm abgeschätzt. Die Werkzeugsteifigkeit k^*_{wzg} variiert zwar stark über der Kraft, ist jedoch so viel höher als die Maschinensteifigkeit k^*_m, dass sie nur eine untergeordnete Rolle bei der Gesamtsystemsteifigkeit k_e spielt. Diese wurde nach Formel (6-5) zu $k_e = 29{,}8$ N/μm bestimmt. Dieses Ergebnis ist vergleichbar zu den in früheren Untersuchungen ermittelten mittleren statischen Gesamtsystemsteifigkeiten von Außenrundschleifmaschinen $k_e = 24{,}88$ N/μm und Flachschleifmaschinen $k_e = 30{,}38$ N/μm [WECK06]. Insgesamt wird davon ausgegangen, dass die Modellierung des Systems im Analogieversuch als lineare Feder mit der Gesamtsystemsteifigkeit $k_e = 29{,}8$ N/μm eine hinreichend genaue Abschätzung der Gesamtverformung des Systems unter Last ermöglicht.

6.2 Einfluss der Nachgiebigkeit im Analogieversuch

Influence of the Elasticity in the Analogy Trial

Im Folgenden wird geprüft, ob der Einfluss der Nachgiebigkeit im Analogieversuch durch die Modellierung des Systems als lineare Feder abgebildet werden kann. Dies erfolgt durch die Ermittlung der Verlagerung bei der Schleifbearbeitung im Analogieversuch. Dazu wurden Analogiewerkstücke mit einem mittleren Durchmesser $d_{wst} = 70$ mm zunächst vorgeschliffen und der mittlere Durchmesser anschließend auf einem Koordinatenmesszentrum bestimmt. Im Anschluss an das Vorschleifen wurde ein senkrechtes Gesamtaufmaß von $\Delta s_{ges} = 50$ μm bzw. $\Delta s_{ges} = 100$ μm mit verschiedenen Prozessparametern ohne Verweilzeit zugestellt. Während der Schleifversuche erfolgte die Erfassung der Schleifkraft sowie der Spindelleistung.

Im Anschluss an die Schleifbearbeitung wurde auf dem Verzahnungsmesszentrum ermittelt, um welchen Betrag der mittlere Werkstückdurchmesser gegenüber dem Durchmesser nach dem Vorschleifen effektiv reduziert wurde, wie mittig unten in **Bild 6-6** dargestellt. Daraus kann berechnet werden, welcher Anteil des Aufmaßes effektiv zerspant wurde und welches radiale Restaufmaß x_R verblieben ist. Das Restaufmaß x_R entsteht im Wesentlichen durch die kraftbedingte Verformung von Maschine x_m und Werkzeug x_{wzg}.

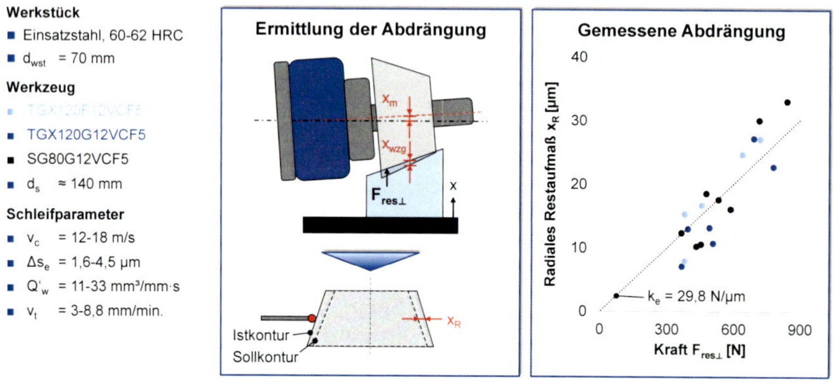

Bild 6-6: Auswirkung der Verlagerung im Analogieversuch
Influence of Deflection in the Analogy Trial

Wie in Bild 6-6 dargestellt, weist der senkrechte Anteil der resultierenden Kraft $F_{res\perp}$ in die gleiche Richtung wie die x-Achse der Honmaschine. In dieser Richtung wurde in den zuvor durchgeführten Untersuchungen die Verformung von Maschine x_m und Werkzeug x_{wzg} sowie die Gesamtsystemsteifigkeit k_e bestimmt. In Bild 6-6 rechts ist das gemessene radiale Restaufmaß x_R über der stationären resultierenden Kraft $F_{res\perp}$ aufgetragen. Die verschiedenen Schleifscheibenspezifikationen sind dabei durch die unterschiedlichen Farben gekennzeichnet. Bei höheren Kräften ergibt sich ein Restaufmaß von bis zu x_R = 33 µm.

Im Folgenden wird überprüft, ob sich die Erkenntnisse aus der zuvor durchgeführten statischen Analyse auch auf den dynamischen Schleifversuch übertragen lassen. Dazu wurde das theoretisch erwartete radiale Restaufmaß $x_{R,theo}$ mit der Kraft $F_{res\perp}$ und der Steifigkeit k_e nach **Formel (6-6)** berechnet.

$$x_{R,theo} \approx x_m + x_{wzg} = \frac{F_{res\perp}}{k_e} \tag{6-6}$$

$x_{R,theo}$	[µm]	Berechnetes radiales Restaufmaß	x_m	[µm]	Maschinenverformung
x_{wzg}	[µm]	Werkzeugverformung	$F_{res\perp}$	[N]	Senkrechter Anteil der resultierenden Kraft
k_e	[N/µm]	Gesamtsystemsteifigkeit			

Zur Bewertung der Vorhersage der Verlagerung im Schleifversuch mit dem zuvor ermittelten Gesamtsystemsteifigkeit k_e = 29,8 N/µm wurde das berechnete radiale

Restaufmaß $x_{R,theo}$ dem gemessenen radialen Restaufmaß x_R gegenübergestellt, siehe **Bild 6-7** Mitte. Die gestrichelte schwarze Linie stellt die exakte Übereinstimmung von Vorhersage und Messung dar. Die Messwerte weisen zwar eine Abweichung von der Berechnung auf, die Korrelation wird jedoch qualitativ korrekt wiedergegeben. Für alle Schleifscheibenspezifikationen liegt das theoretisch erwartete Restaufmaß $x_{R,theo}$ teilweise über und teilweise unter dem effektiv gemessenen Restaufmaß x_R. Für eine genauere Analyse wurde die Differenz Δ zwischen dem berechneten radialen Restaufmaß $x_{R,theo}$ und dem gemessenen radialen Restaufmaß x_R bestimmt. Diese ist rechts in Bild 6-7 über der Kraft $F_{res\perp}$ aufgetragen.

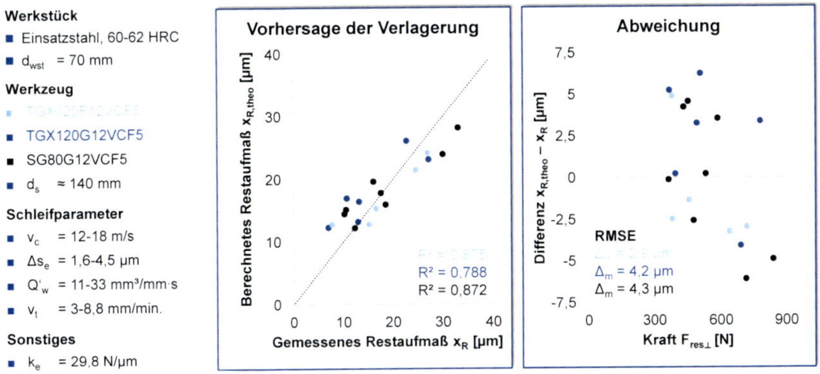

Bild 6-7: Vorhersage der Verlagerung im Analogieversuch
Prediction of Deflection in the Analogy Trial

Die Abweichung beträgt für alle Versuchspunkte wenige Mikrometer. Der mittlere quadratische Fehler (RMSE) liegt für die verschiedenen Schleifscheibenspezifikationen im Bereich von Δ_m = 2,9-4,3 µm. Dabei wurde kein systematischer Zusammenhang zwischen der Abweichung und der Schleifscheibenspezifikation, den Prozessparametern oder der gemessenen Schleifkraft festgestellt. Vor dem Hintergrund der hohen Nachgiebigkeit der Schleifspindel sowie den unvermeidbaren Rundlaufabweichungen und Messungenauigkeiten ist die ermittelte Abweichung ein akzeptables Ergebnis. Es ist davon auszugehen, dass die Verformung des Gesamtsystems und die dadurch bedingte Beeinflussung der Kontaktbedingungen mithilfe der Abbildung des Systems als lineare Feder hinreichend genau abgeschätzt werden kann.

6.3 Effektive Spanungskenngrößen im Analogieversuch

Effective Chip Parameters in the Analogy Trial

Die Nachgiebigkeit im Schleifprozess kann zu einer Verformung des Systems und somit zu einer Veränderung der Spanungskenngrößen führen. Im Folgenden wird betrachtet, wie sich die Spanungskenngrößen durch die Systemnachgiebigkeit verändern. Um Wiederholungen zu vermeiden, wird an dieser Stelle noch nicht konkret quantifiziert, wie groß die zu erwartenden nachgiebigkeitsbedingten Veränderungen im Analogieversuch sind. Diese Betrachtung erfolgt in Kapitel 7.2.1 gemeinsam mit der Analyse, welche Änderung der Schleifkraft bedingt durch die nachgiebigkeitsbedingte Veränderung der Kontaktbedingungen zu erwarten ist.

Basierend auf den zuvor vorgestellten Versuchsergebnissen kann unmittelbar das insgesamt effektiv zerspante Aufmaß $\Delta s_{ges,eff}$ unter Berücksichtigung der Gesamtsystemsteifigkeit k_e und dem senkrechten Anteil der resultierenden Kraft $F_{res\perp}$ mithilfe von **Formel (6-7)** berechnet werden.

$$\Delta s_{ges,eff} \approx \Delta s_{ges} - \Delta s_R = \Delta s_{ges} - \frac{F_{res\perp}}{k_e} \cdot cos(\alpha) \qquad (6\text{-}7)$$

$\Delta s_{ges,eff}$	[µm]	Effektiv zerspantes Aufmaß	Δs_{ges}	[µm]	Theo. Gesamtzustellung
Δs_R	[µm]	Restaufmaß	$F_{res\perp}$	[N]	Senkrechter Anteil der resultierenden Kraft
k_e	[N/µm]	Gesamtsystemsteifigkeit	α	[°]	Winkel zwischen Vorschubvektor und Flanke

Das insgesamt effektiv zerspante Aufmaß $\Delta s_{ges,eff}$ ist keine Spanungskenngröße im eigentlichen Sinne, da das Aufmaß in Abhängigkeit von den Prozessparametern in mehreren Überläufen zerspant wird. Die mit dem effektiv zerspanten Gesamtaufmaß in direktem Zusammenhang stehende Spanungskenngröße ist das pro Exzenterumdrehung effektiv zerspante Aufmaß. Das pro Exzenterumdrehung effektiv zerspante Aufmaß $\Delta s_{e,eff}$ ist jedoch schwieriger zu ermitteln als das effektiv zerspante Gesamtaufmaß $\Delta s_{ges,eff}$.

Bedingt durch die Nachgiebigkeit führt die Schleifkraft zu einer Verlagerung in der Kontaktzone. Dadurch wird zunächst weniger Material zerspant als vorgesehen. Das in einer Exzenterumdrehung nicht zerspante Aufmaß verbleibt als Restaufmaß für die nächste Exzenterumdrehung. Es ist daher möglich, dass mit zunehmender Anzahl an Exzenterumdrehungen ein zunehmendes Aufmaß zerspant wird, wodurch die Schleifkraft zunimmt. Dadurch nimmt wiederum die Verlagerung zu. Aufgrund dieses komplexen Zusammenhangs werden Schleifprozesse häufig als Regelkreise beschrieben [SCHI80, FÖLL85, ALLD94, HEIN09].

Neben der nachgiebigkeitsbedingten Veränderung in radialer Richtung ergibt sich eine Änderung in Umfangsrichtung. Diese betrifft vor allem die Kontaktbogenlänge. Die theoretische Kontaktbogenlänge l_k kann mithilfe der Formeln (2-2) und (2-3) direkt aus der Geometrie von Werkstück und Schleifscheibe berechnet werden [MASS52, WERN73]. Es ist davon auszugehen, dass insbesondere die Verformung der Schleifscheibe dazu führt, dass die Kontaktzone abflacht und somit eine Vergrößerung der Kontaktbogenlänge resultiert [ROWE93].

Basierend auf der Theorie nach HERTZ wurde von ROWE eine Formel zur Berechnung der effektiven Kontaktbogenlänge $l_{k,eff}$ unter Berücksichtigung der Nachgiebigkeit für das Flachschleifen aufgestellt [HERT82, ROWE93]. Diese wurde in Anlehnung an Formeln (2-2) und (2-3) an die Kontaktbedingungen im Analogieversuch angepasst, welche dem Innenrundschleifen ähneln, indem der Schleifscheibendurchmesser d_s in der Berechnung durch den äquivalenten Schleifscheibendurchmesser d_{eq} ersetzt wurde. Zudem wurde die Zustellung a_e in der Formel entsprechend der Kontaktbedingungen im Analogieversuch durch die Zustellung pro Exzenterumdrehung Δs_e ersetzt. Zusammengefasst kann die effektive Kontaktbogenlänge $l_{k,eff}$ im Analogieversuch unter Berücksichtigung der Nachgiebigkeit mit **Formeln (6-8)** und **(6-9)** berechnet werden [HERT82, WERN73, ROWE93].

$$l_{k,eff} = \sqrt{\frac{8 \cdot F_n' \cdot d_{eq}}{\pi \cdot E^*} + \Delta s_e \cdot d_{eq}} \quad (6\text{-}8)$$

$l_{k,eff}$	[mm]	Eff. Kontaktbogenlänge	F_n'	[N/mm]	Bezogene Normalkraft
d_{eq}	[mm]	Äquivalenter Schleifscheibendurchmesser	E^*	[N/mm²]	Elastizitätskennwert
Δs_e	[µm]	Zustellung pro Exzenterumdrehung			

$$\frac{1}{E^*} = \frac{1 - \nu_{wst}^2}{E_{wst}} + \frac{1 - \nu_s^2}{E_s} \quad (6\text{-}9)$$

E^*	[N/mm²]	Elastizitätskennwert	ν_{wst}	[-]	Querkontraktionszahl Werkstück
E_{wst}	[N/mm²]	Elastizitätsmodul Werkstück	ν_s	[-]	Querkontraktionszahl Schleifscheibe
E_s	[N/mm²]	Elastizitätsmodul Schleifscheibe			

Die initiale Kontaktbogenlänge ohne Last stimmt dabei mit der theoretischen Kontaktbogenlänge l_k nach Formel (2-2) überein. Wie zuvor erläutert, wird das effektiv zerspante Aufmaß pro Exzenterumdrehung $\Delta s_{e,eff}$ ebenfalls durch die Nachgiebigkeit beeinflusst. Zur korrekten Berechnung der effektiven Kontaktbogenlänge $l_{k,eff}$ muss daher ebenfalls das effektiv zerspante Aufmaß anstatt der theoretischen Zustellung pro Exzenterumdrehung Δs_e herangezogen werden.

6.4 Fazit

Conclusion

Im abgeschlossenen Kapitel wurde der Einfluss der Nachgiebigkeit im Analogieversuch zum Tauchschleifen von Kegelrädern untersucht. Mithilfe von Verlagerungsmessungen unter statischer Last wurde die Nachgiebigkeit des Gesamtsystems ermittelt. Dabei wurde festgestellt, dass das Nachgiebigkeitsverhalten des Systems im Analogieversuch näherungsweise durch eine lineare Federsteifigkeit k_e = 29,8 N/µm beschrieben werden kann. Anschließend wurde gezeigt, dass auch im dynamischen

Schleifversuch eine Abschätzung der Verlagerung und des verbleibenden Restaufmaßes mithilfe der ermittelten Steifigkeit möglich ist.

Zuletzt wurde betrachtet, inwiefern sich die Nachgiebigkeit auf die Spanungskenngrößen auswirkt. Dabei wurde hergeleitet, dass die Nachgiebigkeit zu einer Verringerung des effektiv zerspanten Aufmaßes führt. Zudem kann sich eine Zunahme der effektiven Kontaktbogenlänge ergeben, der jedoch die Abnahme der effektiven Zustellung bzw. des effektiv zerspanten Aufmaßes zumindest teilweise entgegengewirkt wird. Auf eine konkrete quantitative Betrachtung der zu erwartenden Spanungskenngrößenänderung im Analogieversuch wurde an dieser Stelle verzichtet. Diese Betrachtung wird im folgenden Kapitel durchgeführt. Durch die Entwicklung und Anwendung einer Methode zur Ermittlung der Nachgiebigkeit sowie deren Einfluss auf die effektiven Spanungskenngrößen konnte die dritte Forschungsfrage für den Analogieversuch beantwortet werden.

7 Modellierung der Schleifkraft im Analogieversuch

Modeling of the Grinding Force in the Analogy Trial

Basierend auf dem in Kapitel 5 ermittelten Einfluss der Prozessparameter sowie der in Kapitel 6 bestimmten Nachgiebigkeit soll ein Modell abgeleitet werden, welches zur Schleifkraftvorhersage für den Analogieversuch zum Tauchschleifen von Kegelrädern geeignet ist. Dabei besteht die Herausforderung darin, das stationäre Kraftniveau und den Kraftanstieg berechnen zu können. Im Folgenden wird überprüft, ob existierende Modelle auf den Analogieversuch übertragen werden können.

7.1 Modellierung der stationären Normalkraft im Analogieversuch

Modeling of the Stationary Normal Force in the Analogy Trial

Zunächst soll ein Modellansatz ermittelt werden, um die stationäre Normalkraft $F_{n,stat}$ im Analogieversuch zum Tauchschleifen von Kegelrädern vorherzusagen. Da der Analogieversuch Parallelen zum Innenrundschleifen aufweist, liegt nahe, ein Modell für Innenrundschleifprozesse anzuwenden. Die im Basismodell der Schleifkraft nach TÖNSHOFF zusammengefassten Modelle sind in der Regel für Flach- und Rundschleifprozesse etabliert [TÖNS92]. Aus diesem Grund wird überprüft, ob das Basismodell auch verwendet werden kann, um die bezogene stationäre Normalkraft $F'_{n,stat}$ für den Analogieversuch vorherzusagen.

Mithilfe der in Kapitel 5 beschriebenen Zusammenhänge zwischen den Prozessparametern und der stationären Normalkraft $F_{n,stat}$ wurden die Koeffizienten und Exponentialfaktoren für das Basismodell bestimmt [TÖNS92]. Das parametrierte Ergebnis mit einheitenbereinigten Exponentialtermen ist in **Formel (7-1)** dargestellt.

$$F'_{n,stat} = C_{wst} \cdot C_s \cdot \left(\frac{v_e}{v_c}\right)^{0,79} \cdot \left(\frac{\Delta s_e}{\Delta s_0}\right)^{0,72} \cdot \left(\frac{d_{eq}}{d_0}\right)^{0,18} \tag{7-1}$$

F'_n	[N/mm]	Bezogene Schleifnormalkraft	$C_{wst} \cdot C_s$	[N/mm]	Faktor für Werkstück- und Werkzeugeinfluss
v_e	[m/s]	Exzentergeschwindigkeit	v_c	[m/s]	Schnittgeschwindigkeit
Δs_e	[µm]	Zustellung	Δs_0	[µm]	Normzustellung (1 µm)
d_{eq}	[mm]	Äquivalenter Schleifscheibendurchmesser	d_0	[mm]	Normdurchmesser (1 mm)

Basierend auf den durchgeführten Versuchen ist lediglich die Bestimmung des Gesamtfaktors $C_{wst} \cdot C_s$ und keine Aufteilung in die beiden Teilfaktoren oder eine Rückführung auf einzelne Eigenschaften von Werkstoff oder Schleifscheibe möglich. Weil der Faktor C_s zur Berücksichtigung der Schleifscheibeneigenschaften dient, wurde das Produkt der Faktoren für die drei Schleifscheibenspezifikationen einzeln bestimmt. Wie bei der Berechnung des bezogenen Zeitspanungsvolumens Q'_w beim Kegelradschleifen und beim Profilschleifen wurde als Bezugsfläche für die bezogene Kraft $F'_{n,stat}$ die sich mit der Zahnflanke im Eingriff befindende Profilbreite der Schleifscheibe b_p senkrecht zum Vorschubvektor herangezogen [KLIN08, KLOC17a]. Die sich unter dieser

Bedingung ergebenden Werte für $C_{wst} \cdot C_s$ sind in **Bild 7-1** links dargestellt. Die ermittelten Exponentialfaktoren zeigen, dass die Schnittgeschwindigkeit v_c und die Zustellung Δs_e einen ähnlich hohen Einfluss haben. Da die Exzentergeschwindigkeit bzw. Werkstückgeschwindigkeit in den Analogieversuchen nicht umfassend variiert wurde, kann hier keine allgemeine Aussage getroffen werden. Der äquivalente Schleifscheibendurchmesser d_{eq} hat nur einen untergeordneten Einfluss. Dies entspricht der Erwartung aus dem Stand der Technik [WERN71, BOCK94].

Wird die stationäre Normalkraft $F'_{n,stat}$ auf die effektive Eingriffsbreite b_c entlang der Werkstückmantelfläche anstelle der Profilbreite b_p bezogen, ergeben sich um den Faktor sin(20°) kleinere Werte wie $C_{wst} \cdot C_s$ = 15,48 N/mm für die Schleifscheibenspezifikation TGX120G12VCF5 bzw. $C_{wst} \cdot C_s$ = 14,06 N/mm für TGX120F12VCF5. Mit Formel (7-1) wurde die stationäre Normalkraft $F_{n,stat}$ für alle durchgeführten Analogieversuche berechnet. Die auf diese Weise berechnete stationäre Normalkraft ist in Bild 7-1 der gemessenen stationären Normalkraft gegenübergestellt.

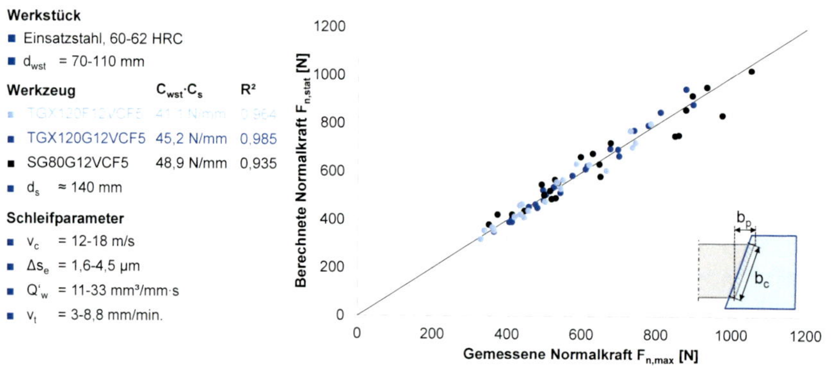

Bild 7-1: Vorhersage der stationären Normalkraft $F_{n,stat}$

Prediction of the Stationary Normal Force $F_{n,stat}$

Die schwarze Linie im Diagramm stellt die exakte Übereinstimmung von Messung und Vorhersage dar. Aus der Gegenüberstellung ist ersichtlich, dass die stationäre Normalkraft mit dem parametrierten Basismodell mit sehr guter Genauigkeit vorhergesagt werden kann. Insgesamt erreicht das Bestimmtheitsmaß über alle Versuchspunkte einen Wert von R^2 = 0,961. Für die Schleifscheibenspezifikation TGX120G12VCF5 konnte sogar ein Bestimmtheitsmaß von R^2 = 0,985 erreicht werden.

Aus den Ergebnissen ist ersichtlich, dass die Abweichungen bei höheren Werten der Normalkraft zunehmen. Dies ist vermutlich darauf zurückzuführen, dass bei höheren Kräften im Analogieversuch vermehrt Schwingungen aufgetreten sind, die zu einer Streuung der Ergebnisse führen können. Insgesamt ist jedoch festzuhalten, dass die stationäre Normalkraft $F_{n,stat}$ eine sehr gute Übereinstimmung mit der Berechnung mit dem parametrierten Basismodell aufweist.

7.2 Modellierung des Kraftanstiegs im Analogieversuch

Modeling of the Force Increase in the Analogy Trial

Beim Tauchschleifen von Kegelrädern sowie im Analogieversuch wird bei hohen Vorschubgeschwindigkeiten und kleinen Gesamtaufmaßen kein stationärer Prozess erreicht. Aus diesem Grund soll neben der stationären Normalkraft auch der Kraftanstieg zu Beginn des Prozesses modelliert werden. Zunächst wird dazu überprüft, ob der Kraftanstieg basierend auf der nachgiebigkeitsbedingten Veränderung der Kontaktbedingungen vorhergesagt werden kann.

7.2.1 Einfluss der effektiven Spanungskenngrößen im Analogieversuch

Influence of the Effective Chip Parameters in the Analogy Trial

Die Nachgiebigkeit im Schleifprozess führt zu einer Veränderung der Spanungskenngrößen. Dabei ist eine Veränderung des effektiv pro Exzenterumdrehung zerspanten Aufmaßes $\Delta s_{e,eff}$ sowie der effektiven Kontaktbogenlänge $l_{k,eff}$ zu erwarten. Wie in Kapitel 6.3 erläutert, stehen die kraftbedingte Verlagerung, die sich daraus ergebende reduzierte Zerspanung, das dadurch bedingte Restaufmaß und die mit der Zustellung zunehmende Schleifkraft in einem komplexen Zusammenhang. Diese Verkettung von Effekten soll im Folgenden quantifiziert werden. Dazu werden die gemessene Normalkraft F_n sowie die Gesamtsystemsteifigkeit k_e herangezogen, siehe **Bild 7-2**.

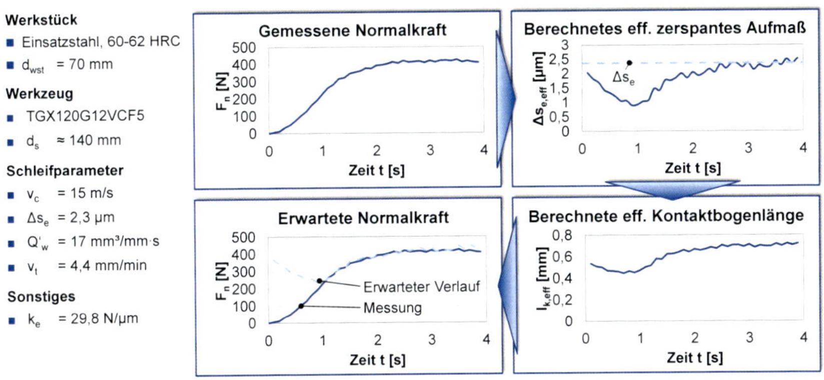

Bild 7-2: Einfluss der nachgiebigkeitsbedingten Kontaktbedingungen auf die Schleifkraft
Influence of the Elasticity-related Contact Conditions on the Grinding Force

Zur Berechnung des effektiv pro Exzenterumdrehung zerspanten Aufmaßes $\Delta s_{e,eff}$ wird die Annahme zugrunde gelegt, dass durch die gemessene Normalkraft F_n und die Gesamtsystemsteifigkeit k_e die effektive Verlagerung im Kontakt berechnet werden kann. Diese Verlagerung kann als Abweichung der tatsächlichen Relativposition von Werkstück und Schleifscheibe gegenüber der theoretischen Position interpretiert werden. Wenn basierend auf der theoretischen Position sowie der erwarteten Verlagerung die tatsächliche Position entlang der Prozessdauer bestimmt wird, kann auf diese

Weise das erwartete effektiv zerspante Aufmaß berechnet werden. Das Ergebnis dieser Berechnung ist rechts oben in Bild 7-2 dargestellt. In dem Verlauf sind deutlich die entgegengesetzten Effekte zu erkennen. Zu Beginn des Prozesses ist bedingt durch die relativ niedrige Normalkraft F_n nur eine geringe Verlagerung zu erwarten. Mit zunehmender Kraft nimmt die Verlagerung zu, was zu einer Abnahme des effektiv zerspanten Aufmaßes $\Delta s_{e,eff}$ und einem Anstieg des Restaufmaßes führt. Dies wiederum hat eine Zunahme des Aufmaßes für die weiteren Exzenterumdrehungen zur Folge.

Darüber hinaus wirkt sich die Nachgiebigkeit auch auf die effektive Kontaktbogenlänge $l_{k,eff}$ aus. Diese kann nach Formel (6-8) berechnet werden. Grundsätzlich führt die Elastizität der Schleifscheibe zu einer Abflachung des Kontakts und somit zu einer erhöhten effektiven Kontaktbogenlänge $l_{k,eff}$. Die Kontaktbogenlänge ist jedoch proportional zur Zustellung bzw. zum effektiv zerspanten Aufmaß. Nimmt das effektiv zerspante Aufmaß aufgrund von Nachgiebigkeit ab, führt dies auch zu einer Abnahme der effektiven Kontaktbogenlänge $l_{k,eff}$. In Bild 7-2 rechts unten ist der erwartete Verlauf der effektiven Kontaktbogenlänge $l_{k,eff}$ dargestellt. Auch hier sind wieder die entgegengesetzten Effekte zu erkennen.

Im Folgenden wird betrachtet, wie die nachgiebigkeitsbedingte Änderung der Spanungskenngrößen die Schleifkraft nach der Modellvorstellung beeinflussen würde. Wie in Kapitel 7.1 aufgezeigt, beeinflusst die Zustellung Δs_e die Schleifkraft. Die Kontaktbogenlänge l_k geht nicht direkt in die Berechnung der Schleifkraft ein, vergleiche Formel (7-1). Sie hängt jedoch mit dem äquivalenten Schleifscheibendurchmesser d_{eq} zusammen. Um dies zu berücksichtigen, wird aus der effektiven Kontaktbogenlänge $l_{k,eff}$ der effektive äquivalente Schleifscheibendurchmesser berechnet. Aus der effektiven Zustellung bzw. dem effektiv zerspanten Aufmaß sowie dem effektiven äquivalenten Schleifscheibendurchmesser kann berechnet werden, wie die Schleifkraft sich unter Berücksichtigung der nachgiebigkeitsbedingten Verlagerung und den daraus resultierenden effektiven Kontaktbedingungen verändern müsste, siehe Bild 7-2 unten. Der theoretisch erwartete Verlauf weicht zu Beginn des Prozesses von der Kraftmessung ab. Diese Abweichung weist darauf hin, dass die erwartete nachgiebigkeitsbedingte Änderung der Spanungskenngrößen den Kraftanstieg nicht alleine erklären kann.

Zu Beginn des Prozesses nimmt die Kraft zu, obwohl durch die geringen Kräfte theoretisch kaum eine nachgiebigkeitsbedingte Veränderung der Spanungskenngrößen zu erwarten wäre. Da die Bauteile vorgeschliffen wurden, ist nicht von Aufmaßschwankungen auszugehen. Naheliegender ist die Vermutung, dass Veränderungen in der Zerspanung selbst bedingt durch die Phasen der Spanbildung den initialen Anstieg verursachen. In seinen Untersuchungen zeigte HAHN auf, dass der direkte Proportionalzusammenhang zwischen dem zerspanten Volumen und der Schleifkraft beim Einstechschleifen nur für günstige Zerspanbedingungen mit geringen Anteilen an Reiben und Pflügen gilt [HAHN66]. Insbesondere wenn Verlagerungen zu Beginn des Prozesses zu niedrigen effektiven Spanungsdicken führen, kann die Schnitteinsatztiefe unterschritten werden, wodurch sich hohe Reib- und Umformanteile ergeben [KLOC17b]. Diese Effekte können jedoch bislang nicht ohne Weiteres modelliert werden.

7.2.2 Modellierung des Kraftanstiegs für den Gesamtprozess

Modeling of the Force Increase for the Whole Process

Da der Kraftanstieg bisher nicht allein durch eine nachgiebigkeitsbedingte Veränderung der Spanungskenngrößen erklärt werden konnte, wird im Folgenden ein alternativer Ansatz zur Vorhersage gesucht. Wie in Kapitel 2.7.5 beschrieben, kann ein Anstieg der Schleifkraft zu Beginn von Schleifprozessen beispielsweise nach Formel (2-11) durch ein regelungstechnisches Verzögerungsglied abgebildet werden [BRAN78]. Dabei wird die Verzögerung des Kraftanstiegs mithilfe einer Zeitkonstante τ beschrieben. In der Literatur existieren verschiedene Ansätze, die Zeitkonstante τ für Flach- und Rundschleifprozesse zu berechnen [SALJ74, BRAN78, BOCK94, MALK08]. Um einen geeigneten Modellierungsansatz zu ermitteln, wird zunächst untersucht, wie sich die Prozessparameter auf den Kraftanstieg auswirken. Dazu wurde der auf die stationäre Normalkraft $F_{n,stat}$ normierte Anstieg für verschiedene Prozessparameter ausgewertet, siehe **Bild 7-3**.

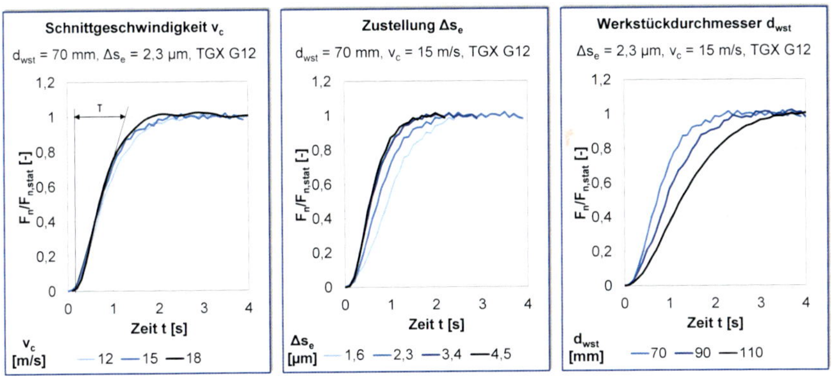

Bild 7-3: Einfluss der Prozessparameter auf den Kraftanstieg

Influence of the Process Parameters on the Force Increase

Der normierte Anstieg der Normalkraft wird mit zunehmender Schnittgeschwindigkeit v_c und höherer Zustellung Δs_e schneller durchlaufen. Im Gegensatz dazu dauert der Kraftanstieg für zunehmende Werkstückdurchmesser d_{wst} länger, was einer größeren Zeitkonstante τ entspricht. Nach MALKIN kann die die Zeitkonstante τ_t mit **Formel (7-2)** berechnet werden [MALK08].

$$\tau_t = \frac{k_0 \cdot Q_w}{v_{fr} \cdot k_e} \qquad (7\text{-}2)$$

τ_t	[s]	Zeitkonstante	k_0	[N·s/mm³]	Proportionalitätsfaktor
Q_w	[mm³/s]	Zeitspanungsvolumen	v_{fr}	[mm/s]	Radiale Vorschubgeschwindigkeit
k_e	[N/mm]	Gesamtsystemsteifigkeit			

Im betrachteten Analogieversuch ist das Zeitspanungsvolumen proportional zur radialen Vorschubgeschwindigkeit, sodass sich die Faktoren in der Formel aufheben. Somit kann weder der Einfluss der Tauchvorschubgeschwindigkeit v_t und der damit verbundenen Zustellung Δs_e noch der Einfluss der Schnittgeschwindigkeit v_c mit dem Modell abgebildet werden. In einem alternativen Ansatz nach BOCK kann die Zeitkonstante τ_{csn} mit **Formel (7-3)** berechnet werden.

$$\tau_{\mathrm{csn}} = k_{\tau n} \cdot \left(\frac{l_k}{h_{eq}}\right)^{e_{\tau n}} = k_{\tau n} \cdot \left(\frac{\sqrt{d_{eq} \cdot a_e} \cdot v_c}{Q'_w}\right)^{e_{\tau n}} \quad (7\text{-}3)$$

τ_{csn}	[s]	Zeitkonstante	$k_{\tau n}$	[s]	Proportionalitätsfaktor
l_k	[mm]	Kontaktbogenlänge	h_{eq}	[mm]	Äquivalente Spanungsdicke
$e_{\tau n}$	[-]	Exponentialfaktor	d_{eq}	[mm]	Äquivalenter Schleifscheibendurchmesser
a_e	[mm]	Zustellung	v_c	[m/s]	Schnittgeschwindigkeit
Q'_w	[mm³/mm·s]	Bezogenes Zeitspanungsvolumen			

In diesem Modell führt eine zunehmende Schnittgeschwindigkeit zu einer Erhöhung der Zeitkonstante τ_{csn}. Dies entspricht nicht den Ergebnissen aus dem Analogieversuch, siehe Bild 7-3. Ein weiterer Formelzusammenhang zur Berechnung einer Zeitkonstante τ_F wurde von SALJÉ aufgestellt, vergleiche **Formel (7-4)** [SALJ74].

$$\tau_F = \frac{F_{n,stat}}{v_{fr} \cdot k_e} \quad (7\text{-}4)$$

τ_F	[s]	Zeitkonstante	$F_{n,stat}$	[N]	Normalkraft
v_{fr}	[mm/s]	Radiale Vorschubgeschwindigkeit	k_e	[N/mm]	Gesamtsystemsteifigkeit

In diesem Modell führt ein Anstieg der Vorschubgeschwindigkeit zu einer kleineren Zeitkonstante τ_F. Zunehmende Schnittgeschwindigkeit sowie abnehmende Werkstückdurchmesser führen zu einer Abnahme der stationären Normalkraft $F_{n,stat}$ und somit zu einer kleineren Zeitkonstante τ_F. Insgesamt scheinen alle betrachteten Aspekte durch diese Berechnungsweise korrekt wiedergegeben zu werden. Aus diesem Grund wird im Folgenden überprüft, ob der Kraftanstieg mit Formel (2-11) durch ein regelungstechnisches Verzögerungsglied mit einer Zeitkonstante τ_F nach Formel (7-4) abgebildet werden kann [SALJ74, BRAN78].

Dazu erfolgte zunächst die Berechnung der stationären Normalkraft $F_{n,stat}$ mit Formel (7-1). Anschließend wurde mithilfe von Formel (7-4) die Zeitkonstante τ_F berechnet, welche wiederum in Formel (2-11) zur Modellierung des Kraftanstiegs eingesetzt wurde. In **Bild 7-4** ist der berechnete Normalkraftverlauf dargestellt. Dabei repräsentieren die Punkte Messwerte und die durchgezogenen Linien die Berechnung. In der Darstellung ist ersichtlich, dass für verschiedenen Schnittgeschwindigkeiten v_c und Zustellungen Δs_e sowohl der Anstieg als auch das stationäre Niveau der Schleifkraft mit hoher Genauigkeit vorhergesagt werden können. Dies ist insbesondere vor dem

Hintergrund bemerkenswert, dass die Zeitkonstante τ_F keine Faktoren zur Parametrierung enthält. Lediglich die Abhängigkeit des Normalkraftanstiegs vom Werkstückdurchmesser d_{wst} wird nicht genau wiedergegeben. Für die Versuche mit erhöhtem Werkstückdurchmesser werden zu große Zeitkonstanten vorhergesagt. Dies kann damit zusammenhängen, dass der Werkstückdurchmesser d_{wst} indirekt sowohl in die stationäre Normalkraft $F_{n,stat}$ als auch in die Vorschubgeschwindigkeit v_{fr} eingeht.

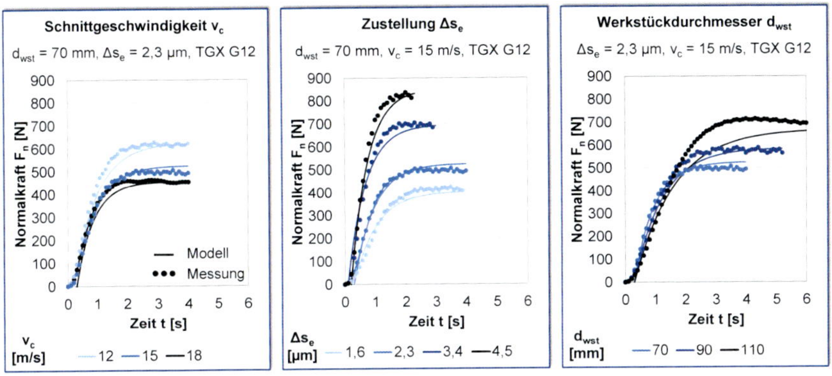

Bild 7-4: Modellierung des Kraftanstiegs
Modeling of the Force Increase

Da zwischen den Werkstückdurchmessern das bezogene Zeitspanungsvolumen Q'_w konstant gehalten werden sollte, wurden für größere Werkstückdurchmesser niedrigere Tauchvorschubgeschwindigkeiten v_t eingesetzt. Für größere Werkstückdurchmesser liegen somit größere stationäre Normalkräfte $F_{n,stat}$ sowie kleinere radiale Vorschubgeschwindigkeiten v_{fr} vor. Beide Faktoren führen zu einer Zunahme der Zeitkonstante τ_F, die somit überschätzt wird. Möglicherweise ist daher die Verwendung des bezogenen Zeitspanungsvolumens Q'_w anstatt der radialen Vorschubgeschwindigkeit v_{fr} bei der Berechnung der Zeitkonstante τ zielführender. Da keines der existierenden Modelle diese Zusammenhänge abbildet und ohnehin noch geprüft werden muss, inwiefern die Modellansätze auf das Tauchschleifen von Kegelrädern übertragen werden können, wird an dieser Stelle auf eine weitere Untersuchung verzichtet.

7.3 Fazit

Conclusion

Basierend auf den im Analogieversuch durchgeführten Messungen der Schleifkraft und der Steifigkeit wurde in diesem Kapitel ein Modell zur Vorhersage des Normalkraftverlaufs im Analogieversuch zum Tauchschleifen von Kegelrädern abgeleitet. Dieses besteht aus einem Anteil zur Vorhersage des statischen Normalkraftniveaus nach Formel (7-1) sowie einem Ansatz zur Modellierung des Kraftanstiegs nach

Formel (2-11) mit einer Zeitkonstanten τ, welche nach Formel (7-4) die Prozessparameter und die geometrischen Spanungskenngrößen berücksichtigt. Mit diesem kombinierten Modell konnte der Normalkraftverlauf für verschiedene Prozessparameter mit hoher Genauigkeit vorhergesagt werden.

Ein Zusammenhang zwischen den aufgrund der Nachgiebigkeit veränderten Spanungskenngrößen und dem Verlauf der Normalkraft konnte zwar gefunden werden, eine direkte Vorhersage der Kraft allein aus den effektiven Spanungskenngrößen war aber nicht möglich. Aus diesem Grund konnte die zuvor formulierte Forschungshypothese, dass die Vorhersage der Schleifkraft basierend auf den effektiven Spanungskenngrößen möglich ist, für den Analogieversuch nur teilweise verifiziert werden. Im Folgenden soll untersucht werden, ob das abgeleitete Modell auf das Tauchschleifen von Kegelrädern übertragen werden kann.

8 Methodenübertragung auf das Kegelradschleifen

Method Transfer to Bevel Gear Grinding

Im bisherigen Verlauf dieser Arbeit wurden vorwiegend Untersuchungen im Analogieversuch durchgeführt und daraus ein Kraftmodell entwickelt. Dies hatte den Zweck, einzelne Einflüsse auf die Schleifkraft ermitteln zu können. Die Anwendung des entwickelten Modells für das Kegelradschleifen wird jedoch erst möglich, wenn die Übertragbarkeit der Ergebnisse aus dem Analogieversuch überprüft und gegebenenfalls notwendige Anpassungen vorgenommen wurden. Im folgenden Kapitel wird daher das auf Basis des Analogieversuchs entwickelte Schleifkraftmodell mithilfe von Versuchen auf das Tauchschleifen von Kegelrädern übertragen.

8.1 Versuchsaufbau beim Tauchschleifen von Kegelrädern

Test Set-up for Plunge Grinding of Bevel Gears

Die Untersuchungen zum Tauchschleifen von Kegelrädern wurden an dem zuvor vorgestellten Anwendungsfall unter den Bedingungen der Serienfertigung bei der Firma Scania durchgeführt, vergleiche Bild 4-1. Dabei wurden Tellerräder mit einem mittleren Normalmodul von $m_{nm} = 9$ mm, $z_2 = 37$ Zähnen, einem Außendurchmesser von $d_{a2} = 480$ mm und einer Zahnbreite von $b_2 = 75$ mm geschliffen. Das Tauchschleifen erfolgte mit Vektorvorschub und Exzenterbewegung ohne Bearbeitung des Zahnfußes. Um die Vergleichbarkeit zum Analogieversuch sicherzustellen, wurde für Tellerräder und Analogiewerkstücke der gleiche Werkstoff verwendet, siehe **Bild 8-1** links.

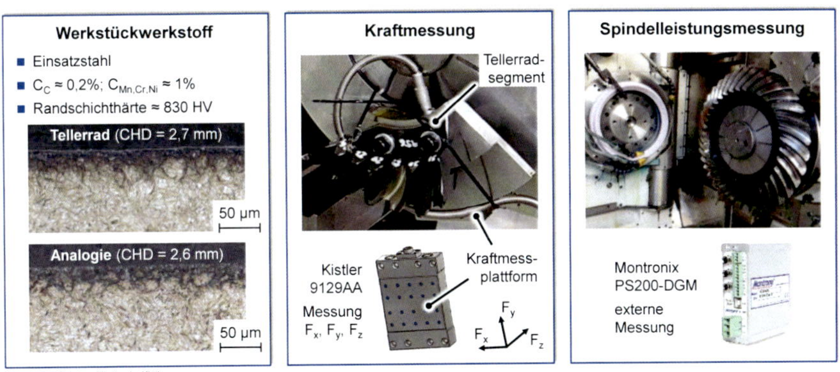

Bild 8-1: Messung der Schleifkraft und der Spindelleistung beim Kegelradschleifen
Measurement of Grinding Force and Spindle Power in Bevel Gear Grinding

Der Werkstückwerkstoff wurde zudem der gleichen Wärmebehandlung unterzogen. Abgesehen von Chargenschwankungen von Werkstoff und Wärmebehandlung weisen die Versuchswerkstücke daher die gleichen Materialeigenschaften auf. Diese sind anhand von Gefügeschliffen in Bild 8-1 gegenübergestellt. Sowohl die Gefügeschliffe als auch die Messungen von Randhärte und Einsatzhärtetiefe bestätigen die Vergleichbarkeit der beiden Werkstückwerkstoffe. Daher ist davon auszugehen, dass eine Übertragbarkeit zwischen den Versuchsergebnissen gegeben ist.

Das Ziel der Versuche beim Tauchschleifen von Kegelrädern war die Ermittlung des charakteristischen Verlaufs der Schleifkraft sowie der Auswirkungen der Prozessparameter. Für die Messung der Schleifkraft wurde eine Kraftmessplattform vom Typ 9129AA der Firma Kistler verwendet, welche die Kraftmessung in drei Raumrichtungen ermöglicht. Damit die Schleifkraft von der Kraftmessplattform korrekt erfasst werden kann, muss die gesamte Kraft durch die Kraftmessplattform geleitet werden und ein Kraftnebenschluss verhindert werden. Aus diesem Grund erfolgte die Schleifbearbeitung an einem Tellerradsegment, welches mithilfe eines Adapters auf der Kraftmessplattform befestigt wurde. Dieser Aufbau wurde mit einem weiteren ringförmigen Adapter verschraubt, welcher den gleichen Innendurchmesser aufwies wie das Tellerrad. Über den Innendurchmesser des ringförmigen Adapters erfolgte die Aufspannung des Messaufbaus in der Maschine mithilfe der Spannvorrichtung aus der Serienfertigung, siehe Bild 8-1 Mitte. Auf diese Weise wurde die Schleifkraftmessung in einem Prozess ermöglicht, der nahezu mit dem konventionellen Tauchschleifprozess übereinstimmt. Aufgrund der erschwerten Bedingungen konnten jedoch nur einzelne Stichversuche zur Kraftmessung durchgeführt werden.

Neben der Erfassung der Schleifkraft ist die Spindelleistungsmessung eine Möglichkeit zur Prozessüberwachung [BRIN98, WESS09]. Die Messung der Spindelleistung bietet den Vorteil, dass diese ohne Änderung der Aufspannsituation und der daraus resultierenden Veränderung der Gesamtsystemsteifigkeit sowie ohne Anpassung der Werkstückgeometrie erfolgen kann. Nach Formel (4-1) wird die Tangentialkraft als proportional zur Spindelleistung angenommen [KLOC17b]. Daher kann durch die Messung der Spindelleistung ein Verständnis vom Schleifkraftverlauf sowie dem Einfluss der Prozessparameter auf die Schleifkraft beim Tauchschleifen von Kegelrädern im konventionellen Prozessaufbau erzielt werden. Im Rahmen der vorgestellten Untersuchungen wurde zur Erfassung der Spindelleistung ein externes Messgerät vom Typ PS200-DGM der Firma Montronix an die Hauptstromversorgung der Werkzeugspindel angeschlossen, siehe Bild 8-1 rechts.

8.2 Schleifkraft beim Tauchschleifen von Kegelrädern

Grinding Force in Plunge Grinding of Bevel Gears

Im Folgenden wird die Vorgehensweise zur Messung und Auswertung der Schleifkraft beim Tauchschleifen von Kegelrädern vorgestellt. In dem untersuchten Prozess wurden eine Schnittgeschwindigkeit von $v_c = 15$ m/s und eine Tauchvorschubgeschwindigkeit von $v_t = 20$ mm/min eingestellt. Die Kraftkomponenten F_x, F_y und F_z in drei Raumrichtungen sowie die Spindelleistung P sind oben in **Bild 8-2** dargestellt.

Die Kraftkomponenten F_x und F_y nehmen zunächst zu und dann ab. Da sich die Kräfte auf den beiden Zahnflanken teilweise aufheben, ist eine Interpretation der Rohsignale schwierig. Die Kraft F_z sowie die Spindelleistung P, die auf beiden Flanken in die gleiche Richtung weisen, steigen erst langsam und dann schneller an. Bei der verwendeten Aufspannung eines Tellerradsegments tritt eine gegenüber dem konventionellen Prozess erhöhte Positionierungenauigkeit auf. Daher kann der Steigungsunterschied dadurch bedingt sein, dass die Schleifscheibe zuerst nur auf der einen Zahnflanke in den Kontakt kommt. Zudem ist beim beidflankigen Tauchschleifen die Aufteilung der Kraftkomponenten auf die Zahnflanken erschwert. Aus diesem Grund wird im Folgenden eine einflankige Schleifbearbeitung untersucht.

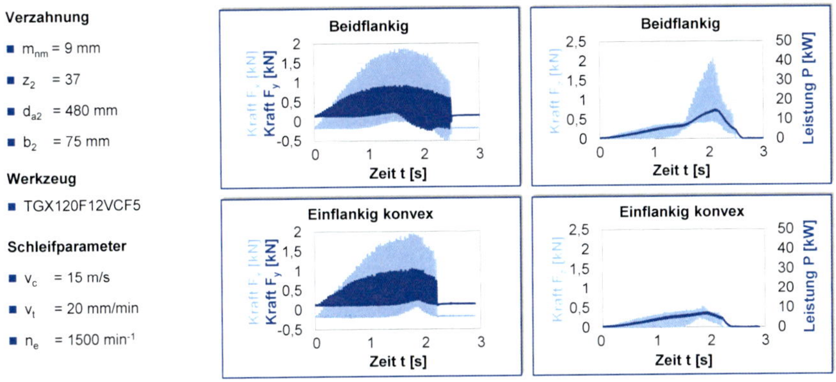

Bild 8-2: Beidflankige und einflankige Kraftmessung beim Tauchschleifen von Kegelrädern
Double and Single Flank Force Measurement in Plunge Grinding of Bevel Gears

Für die einflankige Schleifbearbeitung wurde die Zahnlücke verwendet, die zuvor beidflankig bearbeitet wurde. Durch eine Drehung des Zahnradsegments wurde ein radiales Aufmaß von a_r = 0,2 mm erzeugt. Dieses Aufmaß wurde durch eine Zustellung der Schleifscheibe entlang des Vorschubvektors analog zum konventionellen Prozess zerspant. Wie beim beidflankigen Schleifen wurden eine Schnittgeschwindigkeit von v_c = 15 m/s und eine Tauchvorschubgeschwindigkeit von v_t = 20 mm/min eingestellt. Die Verläufe der Kraftkomponenten und der Leistung für das einflankige Schleifen der konvexen Zahnflanke sind unten in Bild 8-2 zu sehen.

Der Verlauf aller Messsignale ähnelt dem Verlauf, der beim beidflankigen Schleifen zu Beginn des Prozesses zu sehen ist. Dies kann bedeuten, dass bei der zuvor durchgeführten beidflankigen Bearbeitung zunächst nur auf der konvexen Zahnflanke zerspant wurde. In den Kraftsignalen beim einflankigen Schleifen ist eine Schwingung zu sehen, deren Frequenz der doppelten Exzenterdrehzahl n_e = 1500 min^{-1} entspricht. Darüber hinaus weisen alle Messsignale beim einflankigen Schleifen einen kontinuierlichen Anstieg während der Zustellung der Schleifscheibe bis zur maximalen Tauchtiefe auf. Anschließend erfolgt ein Verweilen der Schleifscheibe bei konstanter Tauchtiefe und Schnittgeschwindigkeit, wobei die Schleifkraft und die Leistung abnehmen.

Analog zum Analogieversuch sollte die Schleifkraft in die Komponenten Normalkraft F_n, Tangentialkraft F_t und Vorschubkraft F_f aufgeteilt werden. Wie auch in anderen Schleifprozessen ist die Normalkraft F_n beim Tauchschleifen von Kegelrädern senkrecht zur Zahnflanke. Durch die Orientierung der Schleifscheibe verläuft die Tangentialkraft F_t parallel zum Zahnfuß und die Vorschubkraft F_f weist senkrecht dazu näherungsweise in Zahnhöhenrichtung, siehe **Bild 8-3** rechts unten. Die Kraftmessplattform kann die Schleifkraft in drei Raumrichtungen in einem kartesischen Koordinatensystem messen und ausgeben. Das Koordinatensystem der Kraftmessplattform hat jedoch keinen direkten Bezug zu der Geometrie der zu bearbeitenden Zahnlücke.

Um eine Aufteilung der Schleifkraft auf Tangentialkraft F_t, Normalkraft F_n und Vorschubkraft F_f zu ermöglichen, ist eine Transformation der gemessenen Kraftkomponenten in das Koordinatensystem der Zahnflanken notwendig, wie in Bild 8-3 dargestellt. Während der Bewegung des Kontakts zwischen Schleifscheibe und Zahnflanke in Zahnbreitenrichtung ändern die Kraftkomponenten durch die Flankenlängskrümmung ihre Orientierung relativ zur Kraftmessplattform. Da sich die Schleifscheibe jedoch jeweils nur während etwa 1/12 der Exzenterumdrehung mit jeder der beiden Flanken im Kontakt befindet, wird davon ausgegangen, dass diese Orientierungsänderung innerhalb der Flanken nur eine untergeordnete Rolle spielt. Aus diesem Grund wird in der folgenden Auswertung eine im Mittel konstante Orientierung der Kraftkomponenten relativ zur Zahnflanke angenommen.

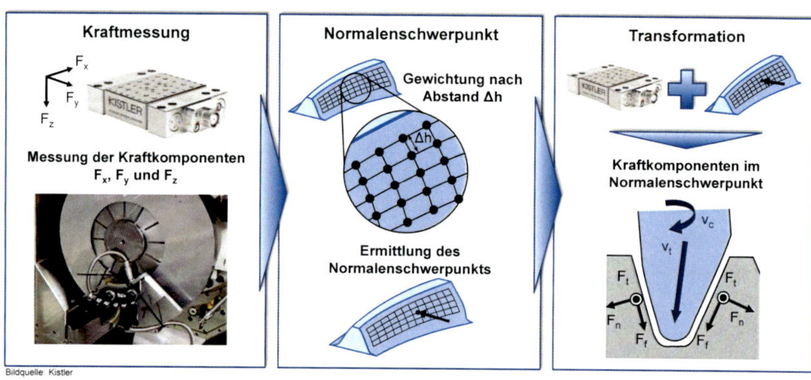

Bild 8-3: Übertragung der gemessenen Schleifkraftkomponenten auf die Zahnflanke
Transfer of Measured Grinding Force Components onto the Flank

Nach dem Vorschleifen liegt ein äquidistantes Aufmaß auf den Zahnflanken vor, welches durch den Tauchvorschub der Schleifscheibe gleichmäßig zerspant wird. Dadurch ist das lokale mittlere Zeitspanungsvolumen für jeden Ort der Zahnflanke nahezu gleich. Dies bedeutet, dass im zeitlichen Mittel an jedem Ort der Zahnflanke etwa die gleichen lokalen Schleifkraftkomponenten auftreten. Diese sind durch die gekrümmten Zahnflanken unterschiedlich ausgerichtet. Zur Bestimmung der Kraftkomponenten Tangentialkraft F_t, Normalkraft F_n und Vorschubkraft F_f für den Gesamtprozess muss daher ein Koordinatensystem in einem Punkt bestimmt werden, der repräsentativ für die gesamte Zahnflanke ist.

Die lokale Ausrichtung der Kräfte ist von der lokalen Orientierung der Zahnflanke und somit von ihren lokalen Normalenvektoren abhängig. Daher wird der repräsentative Punkt mithilfe seines lokalen Normalenvektors bestimmt, der dem Mittel aus allen lokalen Normalenvektoren der Zahnflanke entspricht. Aufgrund dieser Berechnungsart wird der repräsentative Punkt im Folgenden als Normalenschwerpunkt bezeichnet. Zu jedem Punkt des Sollmessgitters ist in den Sollmessdaten ein Normalenvektor angegeben. Um den Normalenschwerpunkt der Zahnflanke zu berechnen, wird eine Gewichtung aller lokalen Normalenvektoren vorgenommen.

Die Gewichtung dieser Normalenvektoren ist notwendig, weil das Sollmessgitter trotz der konischen Zahnhöhe an Zehe und Ferse die gleiche Punktanzahl aufweist. Bei einer veränderlichen Zahnhöhe sind die Abstände zwischen den Sollmesspunkten in Zahnhöhenrichtung Δh unterschiedlich. Weil die lokale Schleifkraft als mit dem zerspanten Volumen zunehmend angenommen wird, repräsentiert ein Sollmesspunkt an der Ferse größere lokale Schleifkraftkomponenten als ein Sollmesspunkt an der Zehe [RÜTT00]. Die ermittelte Gewichtung berücksichtigt, wie groß der lokale Punktabstand Δh_i in dem Bereich der Flanke ist, der durch den jeweiligen Normalenvektor repräsentiert wird. Durch die Gewichtung der Normalenvektoren wird sichergestellt, dass trotz des nicht-äquidistanten Sollmessgitters jeder Bereich der Zahnflanke entsprechend seiner Größe berücksichtigt wird. Um ein Koordinatensystem für die Zahnflanke zu bestimmen, werden alle gewichteten lokalen Normalenvektoren nach **Formel (8-1)** zu einem Gesamtnormalenvektor addiert.

$$\vec{N} = \sum_{i=1}^{n} \frac{\Delta h_i}{\Delta h_m} \cdot \vec{N}_i \qquad (8\text{-}1)$$

$\vec{N}$	[-]	Gewichteter Gesamtnormalenvektor	Δh_i	[mm]	Lokaler Punktabstand
$\vec{N}_i$	[-]	Lokaler Normalenvektor	Δh_m	[mm]	Mittlerer Punktabstand

Der Punkt des Sollmessgitters, in dem der Gesamtnormalenvektor dem lokalen Normalenvektor entspricht, ist der Normalenschwerpunkt. Unter der Voraussetzung gleichmäßiger Krümmung und Kraftverteilung über der Zahnflanke wirkt die Gesamtnormalkraft im Mittel in der Richtung des Gesamtnormalenvektors. Würden alle im Betrag übereinstimmenden lokalen Normalkräfte der Zahnflanke addiert, würden sie in Richtung dieses Vektors zeigen.

Die Richtung des Gesamtnormalenvektors wird als erste Hauptachse des Koordinatensystems im Normalenschwerpunkt der Zahnflanke definiert. Neben dieser ersten Hauptachse sind zwei weitere orthogonale Achsen notwendig, um das Koordinatensystem der Flanke zu definieren. In Anlehnung an die zuvor vorgestellte Aufteilung der

Schleifkraftkomponenten werden die Achsen des Koordinatensystems in Normalrichtung, Tangentialrichtung und Vorschubrichtung unterteilt. Die Tangentialrichtung wird analog zur Tangentialkraft definiert und ist daher parallel zum Zahnfuß ausgerichtet. Die dritte Hauptachse des Koordinatensystems weist senkrecht zu den anderen beiden Hauptachsen und tangential zur Zahnflankenoberfläche näherungsweise in Zahnhöhenrichtung.

Mithilfe einer Koordinatentransformation wurden die gemessenen Kraftsignale auf das zuvor definierte Koordinatensystem im Normalenschwerpunkt der Zahnflanken übertragen. Für das einflankige Schleifen einer konvexen Flanke sind die Verläufe der transformierten Schleifkraftkomponenten Normalkraft F_n, Tangentialkraft F_t und Vorschubkraft F_f sowie ihre zeitlich gemittelten Verläufe in **Bild 8-4** dargestellt. Beim Schleifen der konkaven Flanke ergeben sich ähnliche Ergebnisse, siehe Anhang (Bild IV-3). Neben den Kraftkomponenten ist die simultan gemessene Leistung der Schleifspindel P in den Diagrammen eingetragen. Für alle Messverläufe wurde eine äquidistante Offset-Korrektur vorgenommen, sodass Leerlaufanteile von Leistung und Kräften nicht berücksichtigt werden.

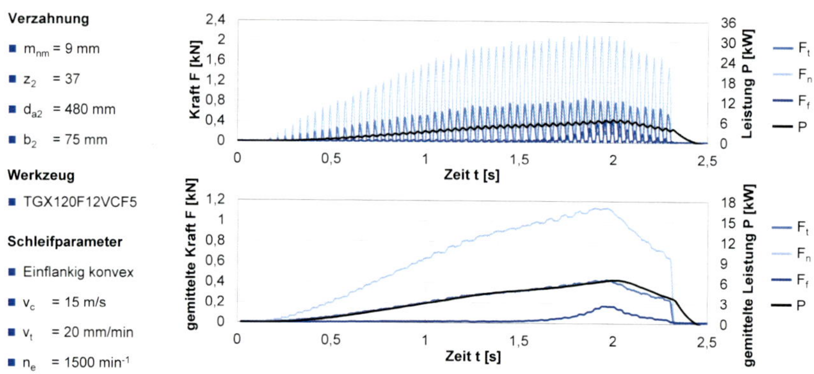

Bild 8-4: Schleifkraft beim Tauchschleifen der konvexen Kegelradflanke
Grinding Force in Plunge Grinding of the Convex Bevel Gear Flank

Die Normalkraft F_n macht den größten Anteil der Schleifkraft aus. Dies entspricht dem Stand der Technik für Schleifprozesse sowie den Ergebnissen aus dem Analogieversuch [GRIN06, KLOC17b]. Ebenfalls wie im Analogieversuch ist die Tangentialkraft F_t die zweithöchste Kraftkomponente und die Vorschubkraft F_f spielt nur eine untergeordnete Rolle. Der Verlauf von Tangentialkraft F_t und Normalkraft F_n weist zunächst einen Anstieg auf, der zum gleichen Zeitpunkt seinen Maximalwert annimmt. Das Schnittkraftverhältnis aus Tangentialkraft und Normalkraft aus mehreren durchgeführten Kraftmessungen liegt im Mittel bei $\mu = 0,35$.

Die gemessene Spindelleistung steigt auf ähnliche Weise an wie die Schleifkraftkomponenten. Gegenüber den Kraftverläufen werden der Beginn des Anstiegs sowie das

Maximum der Leistung zeitlich geringfügig verzögert erreicht. Insbesondere zwischen der Spindelleistung P und der mittleren Tangentialkraft F_t ist jedoch der erwartete Proportionalzusammenhang mit der Schnittgeschwindigkeit v_c = 15 m/s nach Formel (4-1) zu erkennen. Durch die Verläufe und den bestätigten Proportionalzusammenhang zwischen Spindelleistung und Schleifkraft wird die Vermutung bekräftigt, dass nicht nur die Spindelleistung sondern auch die Schleifkraft beim Tauchschleifen von Kegelrädern über der Prozessdauer ansteigt, obwohl das durchdrungene Zeitspanungsvolumen nahezu konstant bleibt, vergleiche Bild 4-7.

Wie in Bild 8-2 für die Kraftkomponenten F_x, F_y und F_z dargestellt, ist allen Kraftverläufen die Exzenterdrehzahl $n_e = 1500\ min^{-1}$ überlagert. Beim einflankigen Schleifen schwanken die Schleifkraftkomponenten zu Beginn der Bearbeitung bei jeder Exzenterumdrehung zwischen einem Maximalwert und dem Nullniveau. Wie bereits mit dem Simulationsmodell des Kegelradschleifprozesses vorhergesagt, gelangt die Schleifscheibe durch die Exzenterumdrehung vollständig aus dem Eingriff. Ab einer Bearbeitungszeit von t = 1,7 s fällt die Kraft jedoch nicht mehr bei jeder Exzenterumdrehung auf das Nullniveau ab und die Vorschubkraft F_f nimmt zu. Dies hängt vermutlich damit zusammen, dass die Schleifscheibe in Zahnfußnähe in den Kontakt kommt.

Beim Erreichen der maximalen Tauchtiefe wird der Maximalwert der Kraftkomponenten und der Leistung erreicht. Da aufgrund der Nachgiebigkeit des Systems nicht das gesamte Aufmaß zerspant wurde, ist ein Verweilen der Schleifscheibe in der Zahnlücke notwendig. Während dieser Verweilzeit erfolgt die Zerspanung des verbliebenen Aufmaßes auf der Zahnflanke bei konstanter Zustelltiefe, wobei sich das System entspannt und die Kraft abnimmt.

8.3 Spindelleistung beim Tauchschleifen von Kegelrädern

Spindle Power in Plunge Grinding of Bevel Gears

Wie zuvor erläutert, musste der Versuchsaufbau signifikant modifiziert werden, um die gesamte Schleifkraft beim Tauchschleifen von Kegelrädern zu erfassen. Um aussagekräftige Ergebnisse über Schleifkraft und Nachgiebigkeit auch im zweiflankigen Prozess erzielen zu können, wurde der Prozessaufbau des Referenz-Tauchschleifprozesses verwendet. In diesem wurde der charakteristische Verlauf der Spindelleistung ermittelt, die zuvor als proportional zur mittleren Schleifkraft nachgewiesen wurde, vergleiche Bild 8-4. Auf diese Weise sollten ein besseres Prozessverständnis erzielt und die Übertragung der zuvor im Analogieversuch erzielten Ergebnisse ermöglicht werden. Basierend auf den Messergebnissen wird im Folgenden ermittelt, wie die Schleifkraft beim Tauchschleifen mit der Tauchtiefe ansteigt und ob ein stationäres Kraftniveau erreicht werden kann. Zudem sollte die durchgeführte Untersuchung im Anschluss die Ermittlung der Nachgiebigkeit ermöglichen.

Für die Untersuchungen wurde jeweils eine Verzahnung zur Vermeidung von Verzugseinflüssen zunächst vorgeschliffen und anschließend unter Messung der Spindelleistung bis zu einer variablen maximalen Tauchtiefe ohne Verweilzeit geschlichtet. Bei der Untersuchung wurde der Gesamtvorschubweg in Schritten von Δl_t = 50 µm erhöht. Durch den Winkel von α = 20° zwischen den Zahnflanken und dem Vorschubvektor ergaben sich somit Schritte der Zustellung von Δs = 17 µm. Die auf die Zahnflanke bezogene Gesamtzustellung wurde insgesamt im Bereich von Δs_{ges} = 17-137 µm erhöht. Durch die Erhöhung der Gesamtzustellung sollte festgestellt werden, ob wie im Analogieversuch ein stationärer Prozess und somit ein konstantes Schleifkraftniveau erreicht wird. Um trotz der erhöhten Zustellung den Zahnfuß nicht zu bearbeiten, wurde die Schleifscheibenspitze gekürzt. Die Schleifbearbeitung erfolgte mit einer Schnittgeschwindigkeit von v_c = 15 m/s und einer Tauchvorschubgeschwindigkeit von v_t = 30 mm/min. Der Verlauf der Spindelleistung bei der Bearbeitung jeweils einer Zahnlücke über der Prozesszeit für die verschiedenen Gesamtzustellungen Δs_{ges} ist in **Bild 8-5** dargestellt.

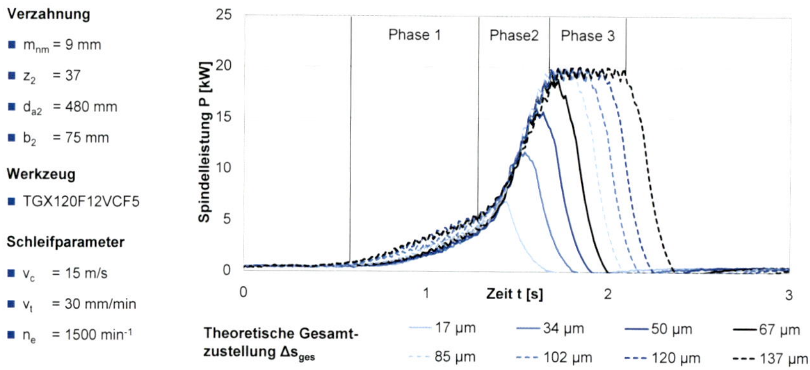

Bild 8-5: Charakteristischer Leistungsverlauf in Abhängigkeit von der Zustellung
Characteristic Course of Power depending on the Infeed

Durch die Erhöhung der Gesamtzustellung Δs_{ges} nimmt die maximale Spindelleistung zu. Darüber hinaus sind im Leistungsverlauf drei Phasen sichtbar. In der ersten Phase erfolgt für alle Varianten unabhängig von der theoretischen Gesamtzustellung Δs_{ges} ein etwa linearer Anstieg der Spindelleistung. Auf die erste Phase des Anstiegs folgt in der zweiten Phase für alle Varianten ein schnellerer aber ebenfalls etwa linearer Anstieg. Für die Spindelleistungsverläufe aller Varianten sind sowohl die Zeitpunkte als auch die Steigungen der Anstiege ähnlich. Für die Varianten mit Maximalzustellung $\Delta s_{ges} \leq$ 67 µm folgt auf den schnellen Anstieg der Spindelleistung nach Erreichen des Maximalwerts eine Abnahme der Spindelleistung auf das Ausgangsniveau.

Für die Varianten mit Maximalzustellung $\Delta s_{ges} \geq$ 85 µm schließt sich an die zweite Phase des starken Spindelleistungsanstiegs eine dritte Phase mit konstanter Spindelleistung an, bevor die Spindelleistung abfällt. Daran ist zu sehen, dass mit Zunahme der Gesamtzustellung und des zerspanten Materials ein stationäres Spindelleistungsniveau beim Tauchschleifen von Kegelrädern erreicht wird.

Zur genaueren Analyse des Leistungsverlaufs wird der gemessene Tauchvorschubweg l_t aus der Maschinensteuerung für den Versuchspunkt mit der höchsten Gesamtzustellung Δs_{ges} = 137 µm herangezogen, siehe heller Verlauf oben in **Bild 8-6**. Die Messung des Tauchvorschubwegs zeigt, dass die Schleifscheibe mit konstanter Tauchgeschwindigkeit in die Zahnlücke getaucht wird. Lediglich die Exzenterbewegung führt zu einer leichten Schwingung der gleichmäßigen Vorschubbewegung. Anhand der Vorschubbewegung ist zu sehen, dass der erste langsame Anstieg der Spindelleistung erfolgt, bevor die Schleifscheibe mit der Zahnflanke in Kontakt tritt. Da der Anstieg bereits deutlich vor nominellem Initialkontakt beginnt und die Zahnflanke vorgeschliffen wurde, ist nicht davon auszugehen, dass der Anstieg mit Zerspanung zu erklären ist. Ein derartiger vorzeitiger Anstieg der Spindelleistung wurde bereits bei der Gegenüberstellung des simulierten Zeitspanungsvolumens mit dem gemessenen Spindelleistungssignal festgestellt, vergleiche Kapitel 4.3.1.

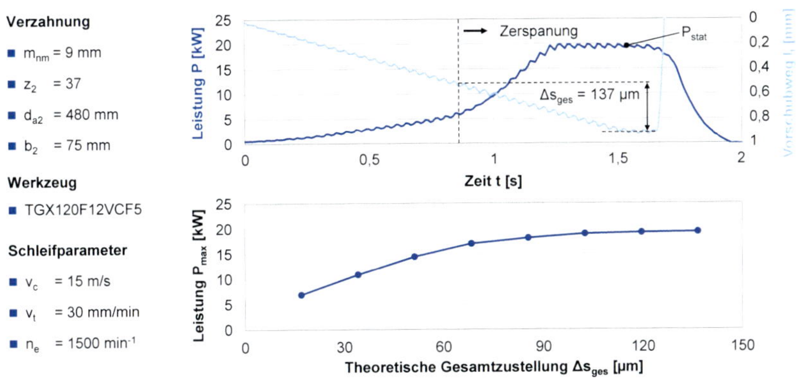

Bild 8-6: Untersuchung des Zusammenhangs von Zustellung und Leistung
Analysis of the Correlation between Infeed and Power

Der Anstieg der Spindelleistung zu Prozessbeginn wird auf den Widerstand des Öls zwischen der rotierenden Schleifscheibe und der Zahnflanke zurückgeführt [ROWE14]. Durch die Verkleinerung des Schmierspalts zwischen bewegten Kontaktpartnern kann der Druck im Schmierspalt und somit die Viskosität des Schmiermediums zunehmen [DOWS77, OERT15]. Daraus ergibt sich eine zunehmende Schubspannung zwischen dem Schmiermedium und den Kontaktpartnern. Auf dieser Basis wird davon ausgegangen, dass die Schubspannung des Schleiföls, die durch die Leistung der Werkzeugspindel überwunden werden muss, mit abnehmender Schmierspalthöhe zunimmt. Dass der Anstieg der Spindelleistung in der ersten Phase für verschiedene maximale Tauchtiefen unterschiedlich verläuft, siehe Bild 8-5, wird darauf zurückgeführt, dass bei Verwendung des Vektorvorschubs die Tauchbewegung der Schleifscheibe von ihrer Endposition abhängig ist. Dies führt dazu, dass sich die Schmierspaltgeometrie und somit der Ölwiderstand in Abhängigkeit von der eingestellten Endposition verändern.

Der Bereich des schnelleren Spindelleistungsanstiegs beginnt ungefähr zu dem Zeitpunkt, an dem die Schleifscheibe laut Positionsmessung der Vorschubachse in Kontakt mit der Zahnflanke tritt. Ab diesem Zeitpunkt findet Zerspanung statt. Dieser Übergang ist die Ursache für die verstärkte Zunahme der Spindelleistung. Wird die maximale Spindelleistung P_{max} für alle Versuchspunkte über der maximalen Gesamtzustellung Δs_{ges} aufgetragen, siehe Bild 8-6 unten, ergibt sich für die geringeren Zustellungswerte ein etwa linearer Anstieg. Dieser gilt nur für die Versuchspunkte, bei deren Zustellung noch kein stationärer Prozess erreicht wurde.

8.4 Nachgiebigkeit beim Tauchschleifen von Kegelrädern

Elasticity in Plunge Grinding of Bevel Gears

In den initialen Untersuchungen zum Tauchschleifen von Kegelrädern sowie im Analogieversuch wurde festgestellt, dass die Nachgiebigkeit bzw. die Steifigkeit einen großen Einfluss auf die Schleifkraft hat. Aus diesem Grund wird im Folgenden die Nachgiebigkeit beim Tauchschleifen von Kegelrädern untersucht und die Systemsteifigkeit k_e bestimmt. Für die Untersuchung wurden die im vorherigen Kapitel vorgestellten, auf verschiedene Tauchtiefen geschliffenen Verzahnungen verwendet.

Um das tatsächlich zerspante Aufmaß in Abhängigkeit von der theoretischen Gesamtzustellung Δs_{ges} bestimmen zu können, wurde bei der Schlichtbearbeitung keine Verweilzeit nach Erreichen der maximalen Tauchtiefe eingestellt. Nach der Bearbeitung wurde die Zahnweite für alle Verzahnungen über die Zähne gemittelt bestimmt und der theoretischen Zahnweite in Abhängigkeit von der eingestellten Gesamtzustellung Δs_{ges} gegenübergestellt. Auf diese Weise konnte das Restaufmaß pro Zahnflanke Δs_R ermittelt werden. Zur Bestimmung der Nachgiebigkeit des Gesamtsystems wurden das Restaufmaß Δs_R und die maximale Spindelleistung P_{max} über der theoretischen Gesamtzustellung Δs_{ges} aufgetragen, siehe **Bild 8-7**.

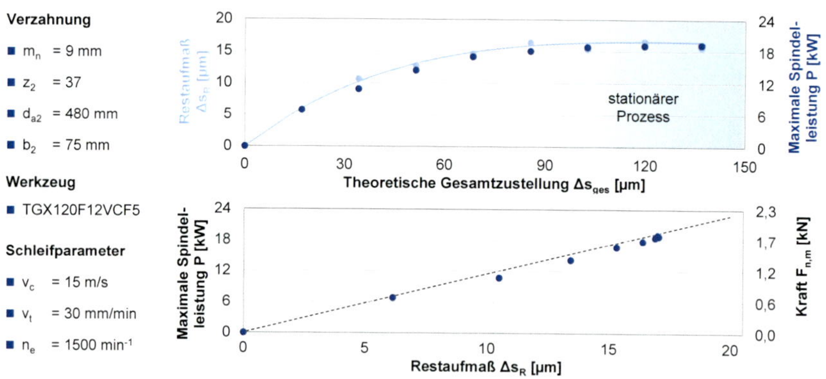

Bild 8-7: Zusammenhang zwischen Restaufmaß und Kraft beim Kegelradschleifen

Correlation between Remaining Stock and Force in Bevel Gear Grinding

Das nicht zerspante Aufmaß steigt über der Zustellung an, bis sich ein näherungsweise stationäres Niveau einstellt. Bei einer eingestellten maximalen Zustellung Δs_{ges} = 137 µm verbleibt ein Restaufmaß von Δs_R = 16 µm pro Zahnflanke. Die dunklen Punkte im Diagramm stellen die maximale Spindelleistung P_{max} über der theoretischen Gesamtzustellung Δs_{ges} für alle Versuchspunkte dar. Es ist zu sehen, dass das Restaufmaß Δs_R und die maximale Spindelleistung P_{max} in gleichem Maße ansteigen. Die drei Versuchspunkte mit der höchsten Gesamtzustellung weisen ein etwa konstantes Restaufmaß und eine etwa konstante maximale Spindelleistung auf.

Wird die maximale Spindelleistung P_{max} über dem Restaufmaß Δs_R aufgetragen, ergibt sich ein etwa linearer Zusammenhang, Bild 8-7 unten. Dies entspricht der Theorie, dass das Gesamtsystem sich wie eine Feder mit der Steifigkeit k_e verhält [MALK08]. Somit kann der Zusammenhang zwischen der Normalkraft und der Auslenkung und resultierenden Restaufmaß Δs_R mithilfe der üblichen Näherung für Federn beschrieben werden, siehe **Formel (8-2)**. Dabei wird davon ausgegangen, dass das System aufgrund seiner Trägheit proportional zur mittleren Normalkraft $F_{n,m}$ ausgelenkt wird.

$$F_{n,m} = k_e \cdot \Delta s_R \tag{8-2}$$

$F_{n,m}$	[N]	Mittlere Normalkraft	k_e	[N/µm]	Gesamtsystemsteifigkeit
Δs_R	[µm]	Restaufmaß			

Die Normalkraft wurde aus der gemessenen Spindelleistung mit dem zuvor bestimmten Schnittkraftverhältnis µ ≈ 0,35 unter der Annahme abgeschätzt, dass die Tangentialkraft auf beiden Zahnflanken ungefähr gleich ist. Daraus ergibt sich eine mittlere Normalkraft von $F_{n,m}$ = 1,8 kN pro Flanke. Wird die Gesamtsystemsteifigkeit als Quotient aus der mittleren Normalkraft $F_{n,m}$ und dem Restaufmaß Δs_R bestimmt, resultiert ein Wert von $k_{e,m}$ = 108 N/µm. Obwohl die Kegelradschleifmaschine für hohe Prozesskräfte ausgelegt ist, ist dieser Wert höher als erwartet. Die Überschätzung der Steifigkeit kann durch zeitliche Verzögerungen bedingt sein. Diese können dazu führen, dass die effektive Verlagerung durch eine geringere Kraft als den Mittelwert der über der Zeit variierenden Normalkraft $F_{n,m}$ verursacht wird oder die Schleifscheibe länger im Kontakt verbleibt, wodurch das Restaufmaß reduziert wird.

Im Folgenden wird der Zusammenhang zwischen den durch die Systemnachgiebigkeit veränderten effektiven Spanungskenngrößen und dem Anstieg der Schleifkraft untersucht. Dazu wurde zunächst in Schritten des Vorschubwegs von l_t = 50 µm bestimmt, wie viel Aufmaß Δs_{eff} pro Schritt effektiv zerspant wurde. Das effektiv zerspante Aufmaß wurde anschließend durch die theoretische Zustellung pro Schritt Δs_{theo} dividiert. Dieser Quotient wird im Folgenden als Zerspanverhältnis Z bezeichnet. In **Bild 8-8** oben ist der Verlauf des Zerspanverhältnis Z über der theoretischen Gesamtzustellung Δs_{ges} aufgetragen. Der Verlauf zeigt, dass das effektiv zerspante Aufmaß zu Beginn der Bearbeitung vom theoretischen Wert abweicht, sich zu höheren Tauchtiefen hin aber dem theoretischen Wert angleicht.

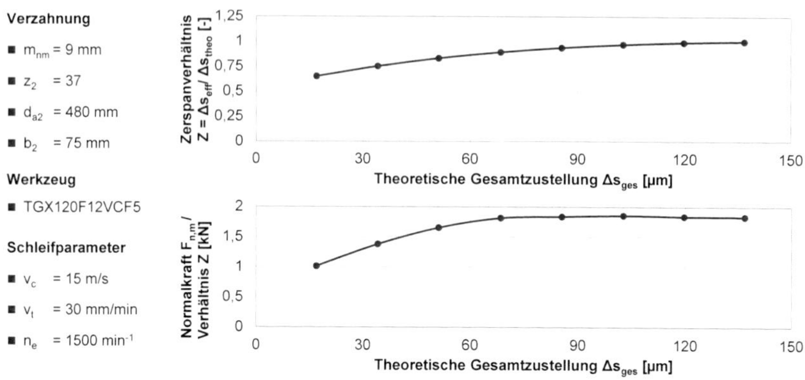

Bild 8-8: Effektive Zerspanung beim Tauchschleifen von Kegelrädern
Effective Material Removal in Plunge Grinding of Bevel Gears

Im Stand der Technik wird die Schleifkraft häufig als proportional zum zerspanten Volumen angegeben [MASS52, BRÜC62, RÜTT00, KAMP17]. Unter dieser Voraussetzung wäre zu erwarten, dass die Normalkraft proportional zum Zerspanverhältnis ist. Wird der Quotient aus mittlerer Normalkraft $F_{n,m}$ und Zerspanverhältnis über der Gesamtzustellung Δs_{ges} dargestellt, ergibt sich für die letzten Versuchspunkte ein konstanter Wert. Für diese Versuchspunkte ist die aus der gemessenen Spindelleistung berechnete Normalkraft proportional zum Zerspanverhältnis und somit zum zerspanten Aufmaß. Für die ersten Versuchspunkte mit Gesamtzustellungen $\Delta s_{ges} \leq 50$ µm ist die Normalkraft jedoch nicht mit dem gleichen Faktor proportional zur effektiv zerspanten Zustellung. Für diese Versuchspunkte nimmt die Normalkraft schneller zu als das zerspante Aufmaß. Aus der Betrachtung ist ersichtlich, dass auch beim Tauchschleifen von Kegelrädern der Schleifkraftanstieg nicht ausschließlich durch die nachgiebigkeitsbedingte Veränderung der effektiven Zustellung erklärt werden kann. Dies bestätigt das Ergebnis des Analogieversuchs, siehe Kapitel 7.2.1.

8.5 Kraftmodellierung für das Tauchschleifen von Kegelrädern

Force Modeling for Plunge Grinding of Bevel Gears

Im Anschluss an die Prozessanalyse wird das im Analogieversuch entwickelte Schleifkraftmodell auf das Tauchschleifen von Kegelrädern übertragen. Die Modellierung erfolgt wie im Analogieversuch zunächst für den Gesamtprozess. Auf diese Weise soll in Zukunft die Vorhersage des Schleifkraftverlaufs beim Tauchschleifen von Kegelrädern in Abhängigkeit von der Geometrie und den Prozessparametern möglich sein. Anschließend werden die Formeln zur Kraftberechnung mit dem numerischen Simulationsmodell des Kegelradschleifprozesses gekoppelt, um eine lokale Kraftberechnung zu ermöglichen.

8.5.1 Formelbasierte Modellierung der Schleifkraft

Equation based Modeling of the Grinding Force

Basierend auf den Untersuchungen im Analogieversuch wurde ein Modell zur Berechnung der Schleifkraft abgeleitet. Mit diesem Modell kann die Normalkraft nach **Formel (8-3)** berechnet werden. Das abgeleitete Modell wird im Folgenden auf das Tauchschleifen von Kegelrädern übertragen.

$$F'_{n,m} = C_{wst} \cdot C_s \cdot \left(\frac{v_e}{v_c}\right)^{0,79} \cdot \left(\frac{\Delta s_e}{\Delta s_0}\right)^{0,72} \cdot \left(\frac{d_{eq}}{d_0}\right)^{0,18} \cdot \left(1 - e^{\frac{-t}{\tau}}\right) \qquad (8\text{-}3)$$

$F'_{n,m}$	[N/mm]	Mittlere bezogene Normalkraft	$C_{wst} \cdot C_s$	[N/mm]	Faktor für Werkstück- und Werkzeugeinfluss
v_e	[m/s]	Exzentergeschwindigkeit	v_c	[m/s]	Schnittgeschwindigkeit
Δs_e	[µm]	Zustellung	Δs_0	[µm]	Normzustellung (1 µm)
d_{eq}	[mm]	Äquivalenter Schleifscheibendurchmesser	d_0	[mm]	Normdurchmesser (1 mm)
t	[s]	Zeit	τ	[s]	Zeitkonstante

Die Anpassung des Modells aus dem Analogieversuch an das Tauchschleifen von Kegelrädern erfolgt mithilfe von Messergebnissen. Dazu werden Spindelleistungsmessungen aus einem Versuch herangezogen bei dem im Referenz-Tauchschleifprozess ein Tellerrad mit einer Schnittgeschwindigkeit von v_c = 15 m/s und einer Tauchvorschubgeschwindigkeit von v_t = 30 mm/min geschliffen wurde. Zur Berechnung der Schleifkraft aus der gemessenen Spindelleistung muss ermittelt werden, welcher Anteil der Spindelleistung $P_{öl}$ durch den Ölwiderstand verursacht ist und welcher der Schnittleistung P_c entspricht. Dabei wird basierend auf dem Stand der Technik angenommen, dass die Ölwiderstandsleistung $P_{öl}$ bis zum Initialkontakt ansteigt, während der Zerspanung konstant bleibt und während der Verweilzeit auf das Niveau bei Initialkontakt abfällt [ROWE14]. Bei Initialkontakt ist nicht genau zu erkennen, welcher Anteil der Spindelleistung durch den Ölwiderstand und welcher durch die beginnende Zerspanung verursacht ist. Daher wurde ein Versuch mit verlängerter Verweilzeit t_v = 1 s bei finaler Tauchtiefe durchgeführt, um zu prüfen, ob sich nach der Zerspanung eine stationäre Ölwiderstandsleistung $P_{öl}$ einstellt. Die gemessene Spindelleistung bei der Bearbeitung einer exemplarischen Zahnlücke ist links in **Bild 8-9** dargestellt.

Während der Verweilzeit stellt sich ein stationäres Spindelleistungsniveau ein, welches auf die Ölwiderstandsleistung $P_{öl}$ im Kontakt ohne Zerspanung zurückgeführt wird. Wird angenommen, dass die Schnittleistung bis zum Übergang auf das stationäre Niveau P_{stat} linear ansteigt, entspricht die bestimmte Ölwiderstandsleistung $P_{öl}$ dem Wert der Spindelleistung zu Beginn des Schnittleistungsanstiegs. Aus der gemessenen Spindelleistung P kann die Schnittleistung P_c nach **Formel (8-4)** berechnet werden.

$$P_c = P - P_{öl} - P_l \qquad (8\text{-}4)$$

P_c	[kW]	Schnittleistung	P	[kW]	Spindelleistung
$P_{öl}$	[kW]	Ölwiderstandsleistung	P_l	[kW]	Leerlaufleistung

Mithilfe der nach Formel (4-1) zur mittleren Gesamttangentialkraft proportionalen Schnittleistung P_c ist eine Abschätzung der mittleren Normalkraft $F_{n,m}$ beim Tauchschleifen von Kegelrädern möglich. Da die Tangentialkraft F_t auf beiden Zahnflanken parallel zur Richtung der Schnittgeschwindigkeit v_c in die gleiche Richtung weist, wird davon ausgegangen, dass die mittlere Gesamttangentialkraft der Addition der Tangentialkräfte F_t von konvexer und konkaver Flanke entspricht. Die durchgeführten Messungen haben gezeigt, dass sowohl die Spindelleistung als auch die Tangentialkraft beim einflankigen Tauchschleifen der konvexen und der konkaven Zahnflanke sehr ähnlich sind, vergleiche Bild 8-4 und Bild IV-3. Daher wird angenommen, dass die Schnittleistung P_c gleichmäßig auf die beiden Zahnflanken verteilt und somit die mittlere Tangentialkraft $F_{t,m}$ pro Flanke nach Formel (4-1) berechnet werden kann. Wie zuvor ermittelt wurde, sind die Tangentialkraft und die Normalkraft im betrachteten Tauchschleifprozess ungefähr mit dem Schnittkraftverhältnis $\mu \approx 0{,}35$ proportional zueinander. Auf dieser Basis wurde aus der über zehn Lücken gemittelten Messung der Spindelleistung beim Tauchschleifen von Kegelrädern die mittlere Normalkraft $F_{n,m}$ pro Zahnflanke abgeschätzt, siehe Bild 8-9 rechts.

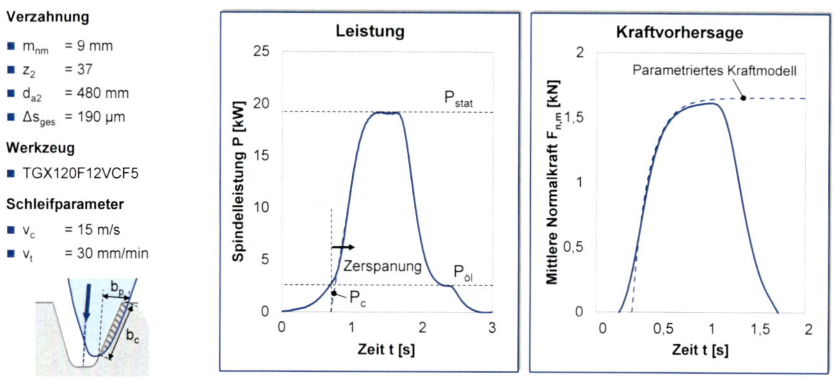

Bild 8-9: Modellübertragung auf das Tauchschleifen von Kegelrädern
Model Transfer to Plunge Grinding of Bevel Gears

Zur Übertragung des Modells aus dem Analogieversuch wurden die bekannten Prozessparameter und Kenngrößen des betrachteten Tauchschleifprozesses in Formel (8-3) eingesetzt. Anschließend erfolgte die Bestimmung des Faktors $C_{wst} \cdot C_s$ für den Tauchschleifprozess mithilfe der aus der Spindelleistung ermittelten mittleren Normalkraft $F_{n,m}$. Der auf diese Weise bestimmte Faktor $C_{wst} \cdot C_s$ ist wesentlich größer als der Proportionalitätsfaktor im Analogieversuch. Die beiden Faktoren $C_{wst} \cdot C_s$ unterscheiden sich um die gleiche Größenordnung voneinander wie die Exzentergeschwindigkeiten v_e in den jeweiligen Prozessen.

Der Anstieg beim Tauchschleifen erfolgt zudem etwa um einen Faktor 1,7 langsamer als mit der nach SALJÉ bestimmten Zeitkonstante τ erwartet [SALJ74]. Dies ist ein Indikator dafür, dass die Gesamtsteifigkeit k_e tatsächlich überschätzt wurde, vergleiche Kapitel 8.4. Eine gegenüber dem im Versuch bestimmten Wert um den Faktor 1,7 reduzierte Gesamtsteifigkeit liegt eher in dem für Schleifmaschinen erwarteten Bereich [WECK06]. An dieser Stelle wurde daher neben dem Proportionalitätsfaktor $C_{wst} \cdot C_s$ auch die Zeitkonstante τ an den gemessenen Verlauf beim Tauchschleifen angepasst. Die mit dem angepassten Modell berechnete Normalkraft für eine Zahnflanke ist rechts in Bild 8-9 dargestellt.

8.5.2 Simulationsgestützte Modellierung der Schleifkraft

Simulation based Modeling of the Grinding Force

Die bisherige Modellierung ermöglicht eine Abschätzung, wie die Schleifkraft beim Tauchschleifen von Kegelrädern in Abhängigkeit von den Prozessparametern verläuft. Die tatsächlichen Kontaktbedingungen wie veränderliche Eingriffsbreite oder Exzenterbewegung werden dabei jedoch nicht berücksichtigt. Um dies zu verbessern, wurde das zuvor entwickelte numerische Simulationsmodell des Kegelradschleifprozesses mit dem Kraftmodell gekoppelt.

Dazu wurde Formel (8-3) in das Simulationsmodell des Kegelradschleifprozesses implementiert. Zur Berechnung der tatsächlichen Normalkraft F_n wurde der Proportionalfaktor $C_{wst} \cdot C_s$ um das aus den Kraftmessungen abgeschätzte Verhältnis zwischen der Normalkraft bei vollem Eingriff und der mittleren Normalkraft $F_{n,m}$ erhöht, vergleiche Bild 8-4 und Bild IV-3. Für eine realistische Wiedergabe der lokalen Werkstück- und Werkzeugbelastung wurde zudem als Bezugsbreite der bezogenen Normalkraft F_n' nicht die Profilbreite b_p senkrecht zum Vorschubvektor, sondern die Eingriffsbreite b_c parallel zur Zahnflanke in Zahnhöhenrichtung gewählt, vergleiche Bild 8-9.

Zur Vorhersage der Schleifkraft müssen als Eingangsgrößen die Zustellung Δs_e, die Schnittgeschwindigkeit v_c und die Exzentergeschwindigkeit v_e eingegeben bzw. berechnet werden. Die Eingriffsbreite b_c, mit der die Gesamtnormalkraft F_n aus der bezogenen Normalkraft F_n' berechnet werden kann sowie die Kontaktbogenlänge l_k werden aus der Simulation bestimmt. Mit der Kontaktbogenlänge l_k wird der äquivalente Schleifscheibendurchmesser d_{eq} mithilfe von Formel (2-2) berechnet. Auf diese Weise können die Kontaktbedingungen inklusive der Exzenterbewegung bei der Berechnung des zeitlichen Verlaufs der Normalkraft F_n berücksichtigt werden.

Bislang ist jedoch noch keine Aussage darüber möglich, welche Bereiche der Zahnflanke am stärksten belastet werden. Eine lokale Modellierung der Schleifkraft soll diese Abschätzung ermöglichen. Zur Bewertung der lokalen Zahnflankenbelastung sollen der Mittelwert sowie der Maximalwert der lokalen kontaktflächenbezogenen Normalkraft F_n'' bestimmt werden.

Der Mittelwert der lokalen kontaktflächenbezogenen Normalkraft $F''_{n,m}$ wird für jeden Punkt der Zahnflanke mithilfe der lokalen Zustellung Δs_e pro Exzenterumdrehung bestimmt. Aufgrund der Prozesskinematik ist die lokale Zustellung Δs_e pro Exzenterumdrehung konstant über einer Eingriffsbahn auf der Zahnflanke, welche von einem Punkt des Schleifscheibenprofils bearbeitet wird. Die von den Punkten des Schleifscheibenprofils erzeugten Eingriffsbahnen verlaufen parallel zum Zahnfuß. Mit der lokalen Zustellung pro Exzenterumdrehung Δs_e kann mit Formel (8-3) für alle Eingriffsbahnen die eingriffsbreitenbezogene Normalkraft F'_n berechnet werden. Diese bezogene Normalkraft F'_n repräsentiert jeweils die gesamte Normalkraft, die auf einer Eingriffsbahn mit einem Millimeter Eingriffsbreite bei maximaler Kontaktbogenlänge auftritt. Diese eingriffsbreitenbezogene Kraft soll für alle Punkte auf dieser Eingriffsbahn in die kontaktflächenbezogene lokale Normalkraft F''_n umgerechnet werden.

Im betrachteten Tauchschleifprozess wird die Schleifscheibe durch die Exzenterbewegung mit konstanter Geschwindigkeit über die Zahnflanke bewegt. Im zeitlichen Mittel treten an den Punkten einer Eingriffsbahn übereinstimmende Kräfte auf. Aus diesem Grund wird die Annahme getroffen, dass sich innerhalb einer Eingriffsbahn die kontaktflächenbezogene Normalkraft F''_n im Mittel gleichmäßig über den Kontaktbogen verteilt. Daher wird, analog zur Berechnung der kontaktflächenbezogenen Schleifleistung aus dem Stand der Technik, die berechnete eingriffsbreitenbezogene Normalkraft F'_n einer Eingriffsbahn durch die Kontaktbogenlänge l_k geteilt, um die lokale kontaktflächenbezogene Normalkraft F''_n zu erhalten [KLOC17b]. Diese Kraft wird an jedem Punkt der Zahnflanke für jede Exzenterumdrehung mit Kontakt bestimmt, aufsummiert und anschließend durch die Anzahl an Exzenterumdrehungen mit Kontakt geteilt. Auf diese Weise wird die mittlere lokale kontaktflächenbezogene Normalkraft $F''_{n,m}$ bestimmt, siehe **Formel (8-5)**.

$$F''_{n,m} = \frac{1}{n}\sum_{i=1}^{n}\frac{F'_{n,i}}{l_{k,i}} \qquad (8\text{-}5)$$

$F''_{n,m}$	[N/mm²]	Mittlere kontaktflächenbezogene Normalkraft	n	[-]	Anzahl Exzenterumdrehungen mit Kontakt
F'_n	[N/mm]	Eingriffsbreitenbezogene Normalkraft	l_k	[mm]	Kontaktbogenlänge

Die mittlere lokale Kraft berücksichtigt nicht, dass durch die unterschiedliche Spanungsdicke entlang des Kontaktbogens variierende Kräfte auftreten. Zur Ermittlung der auftretenden Belastung sollte der Maximalwert der Kraft abgeschätzt werden. Dazu wurde, basierend auf existierenden Schleifkraftmodellen, die Annahme getroffen, dass die Normalkraft proportional zum Zerspanvolumen ist [BOCK87, RÜTT00]. Unter dieser Voraussetzung ist die lokale kontaktflächenbezogene Normalkraft F''_n proportional zur lokalen Spanungsdicke. Vereinfacht wurde angenommen, dass die Spanungsdicke über dem Kontaktbogen linear zunimmt, siehe **Formel (8-6)**.

$$F_n''(l) \propto h_{cu}(l) \approx \frac{h_{cu,max} \cdot l}{l_k} \tag{8-6}$$

F_n''	[N/mm²]	Kontaktflächenbezogene Normalkraft	h_{cu}	[mm]	Spanungsdicke
$h_{cu,max}$	[mm]	Maximale Spanungsdicke	l_k	[mm]	Kontaktbogenlänge
l	[mm]	Eingriffsstrecke			

Darüber hinaus gilt die Grundvoraussetzung, dass die über der Kontaktbogenlänge l_k integrierte lokale kontaktflächenbezogene Normalkraft F_n'' der eingriffsbreitenbezogenen Normalkraft F_n' einer Eingriffsbahn entspricht, vergleiche **Formel (8-7)**.

$$F_n'(l) = \int_0^{l_k} F_n'' \cdot dl \tag{8-7}$$

F_n'	[N/mm]	Eingriffsbreitenbezogene Normalkraft	l_k	[mm]	Kontaktbogenlänge
F_n''	[N/mm²]	Kontaktflächenbezogene Normalkraft	l	[mm]	Eingriffsstrecke

Unter diesen Annahmen ist die maximal auftretende lokale kontaktflächenbezogene Normalkraft $F_{n,max}''$ doppelt so groß wie die im Mittel während eines Eingriffs auftretende mittlere kontaktflächenbezogene Normalkraft. Da die maximale lokale kontaktflächenbezogene Normalkraft $F_{n,max}''$ dazu dienen soll, lokale Kraftüberhöhungen im Prozess zu erkennen, wird diese nicht im zeitlichen Mittel, sondern als Maximalwert über der gesamten Prozessdauer ausgegeben.

8.6 Fazit

Conclusion

Im abgeschlossenen Kapitel wurde der Prozess des Tauchschleifens von Kegelrädern untersucht. Dazu wurden Messungen der Schleifkraft und der Spindelleistung durchgeführt. Anhand der Messungen wurde ein proportionaler Zusammenhang zwischen der Tangentialkraft und der Spindelleistung beim Tauchschleifen von Kegelrädern nachgewiesen. Zudem wurde gezeigt, dass die Spindelleistung zu Beginn des Prozesses aufgrund des Ölwiderstands in der Kontaktzone bereits vor der Zerspanung ansteigt. Während der Zerspanung erfolgt ein schnellerer Anstieg der Spindelleistung, der bei hohen Gesamtzustellungen in einen stationären Zustand übergeht. Neben der Schleifkraft und der Spindelleistung wurde die Nachgiebigkeit im Tauchschleifprozess mithilfe von Messungen des tatsächlich zerspanten Aufmaßes untersucht. Dabei wurde nachgewiesen, dass die Gesamtsystemsteifigkeit im Tauchschleifprozess näherungsweise durch eine lineare Feder modelliert werden kann. Wie bereits im Analogieversuch, konnte auch beim Tauchschleifen von Kegelrädern der Spindelleistungsanstieg nicht ausschließlich durch das zu Beginn des Prozesses reduzierte pro Exzenterumdrehung effektiv zerspante Aufmaß erklärt werden.

Mithilfe von Versuchsergebnissen wurde die Übertragung des im Analogieversuch entwickelten Schleifkraftmodells auf das Tauchschleifen von Kegelrädern realisiert. Anschließend wurde das für das Tauchschleifen von Kegelrädern angepasste Schleifkraftmodell mit dem numerischen Simulationsmodell gekoppelt. Auf diese Weise kann beispielsweise der Einfluss der Exzenterbewegung auf den Normalkraftverlauf vorhergesagt werden. Zudem ist durch die Kopplung eine Vorhersage der lokalen mittleren und maximalen Zahnflankenbelastung möglich. Diese Vorhersage ist eine wichtige Grundlage, um in Zukunft eine Berechnung des lokalen Energieeintrags und somit des Schleifbrandauftretens zu ermöglichen.

Mit den durchgeführten Untersuchungen konnte die vierte Forschungsfrage beantwortet werden, wie ein Modell zur Vorhersage der lokal und zeitlich aufgelöste Schleifkraft beim Tauchschleifen von Kegelrädern basierend auf den geometrischen Spanungskenngrößen abgeleitet werden kann. Wie bereits im Analogieversuch ergab sich dabei die Änderung, dass die instationäre Phase mithilfe einer Zeitkonstante abgebildet wurde und der Schleifkraftverlauf nicht ausschließlich aus den effektiven Spanungskenngrößen berechnet wurde.

9 Anwendung und Validierung des Kraftmodells

Force Model Application and Validation

Im letzten Schritt dieser Arbeit wird das Modell zur Berechnung der Schleifkraft beim Tauchschleifen von Kegelrädern angewendet. Mithilfe von Berechnung und Messungen wird überprüft, wie sich die Prozessparameter auf die Schleifkraft auswirken. Zudem wird anhand der Messergebnisse validiert, ob die Schleifkraft beim Tauchschleifen von Kegelrädern in Abhängigkeit von den Prozessparametern korrekt mit dem entwickelten Modell vorhergesagt werden kann.

9.1 Modellanwendung für das Tauchschleifen von Kegelrädern

Model Application for Plunge Grinding of Bevel Gears

Mit dem in das Simulationsmodell des Kegelradschleifprozesses integrierten Schleifkraftmodell können der zeitliche Verlauf der Schleifkraft sowie die lokale Schleifkraft beim Tauchschleifen von Kegelrädern berechnet werden. Im Folgenden werden exemplarisch Ergebnisse der Berechnung gezeigt. In der Beispielrechnung wurde ein Gesamtaufmaß von Δs_{ges} = 120 µm mit einer Schnittgeschwindigkeit von v_c = 15 m/s und einer Tauchvorschubgeschwindigkeit von v_t = 30 mm/min zerspant. Das Ergebnis der Normalkraftberechnung ohne und mit Berücksichtigung der nachgiebigkeitsbedingten Zeitkonstanten aus der Kopplung von numerischem Simulationsmodell des Kegelradschleifprozesses und Kraftmodell ist in **Bild 9-1** dargestellt.

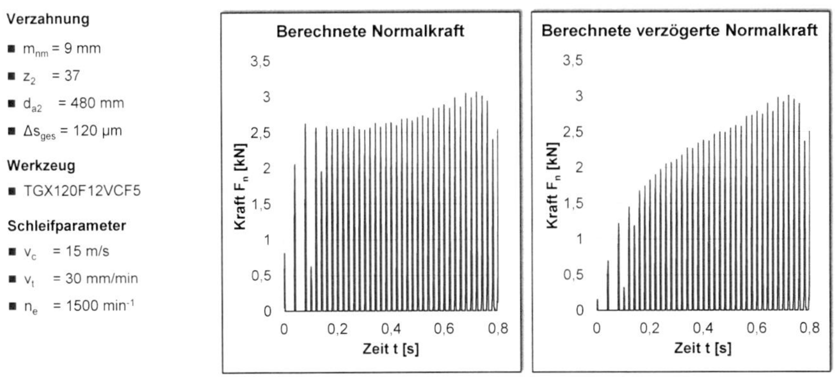

Bild 9-1: Kraftvorhersage basierend auf den Kontaktbedingungen beim Kegelradschleifen
Force prediction based on the contact conditions in bevel gear grinding

In der Berechnung ist der Einfluss der Exzenterbewegung auf den Verlauf der Normalkraft zu erkennen. Wie bei den zuvor durchgeführten Kraftmessungen steigt die Kraft mit der Exzenterbewegung an und fällt wieder auf das Nullniveau ab, vergleiche Bild 8-4. In der Simulation ist eine Frequenz vom Doppelten der Exzenterdrehzahl ersichtlich, da beim beidflankigen Kegelradschleifen zweimal pro Exzenterumdrehung ein Kraftanstieg stattfindet. Bei der Berechnung ohne nachgiebigkeitsbedingte Verzögerung ist die maximale Normalkraft über den Großteil der Bearbeitung konstant. Am Ende des Prozesses erfolgt jedoch ein Anstieg, der auf die Bearbeitung des Übergangsbereichs zum Zahnfuß zurückgeführt wird.

Für die Berechnungsvariante mit nachgiebigkeitsbedingter Verzögerung steigt die maximale Normalkraft kontinuierlich über der Prozessdauer an. Der letzte Anstieg der Normalkraft stimmt aber bei den beiden Berechnungsvarianten überein. Dies weist darauf hin, dass der Einfluss der zeitlichen Verzögerungskonstante zu diesem Zeitpunkt abgeklungen ist.

Neben dem zeitlichen Normalkraftverlauf kann das numerische Simulationsmodell ebenfalls zur Berechnung der lokalen Normalkraft verwendet werden. In **Bild 9-2** sind für die gleiche Simulation die mittlere und maximale lokale kontaktflächenbezogene Normalkraft $F''_{n,m}$ und $F''_{n,max}$ jeweils über der Zahnflanke dargestellt. Die mittlere lokale kontaktflächenbezogene Normalkraft $F''_{n,m}$ ist nahezu konstant über der gesamten Zahnflanke. Der unterste Bereich der Flanke weist die niedrigsten Mittelwerte auf. Dies ist vermutlich dadurch bedingt, dass während des Großteils des Schleifprozesses dieser Bereich nicht mitbearbeitet wird.

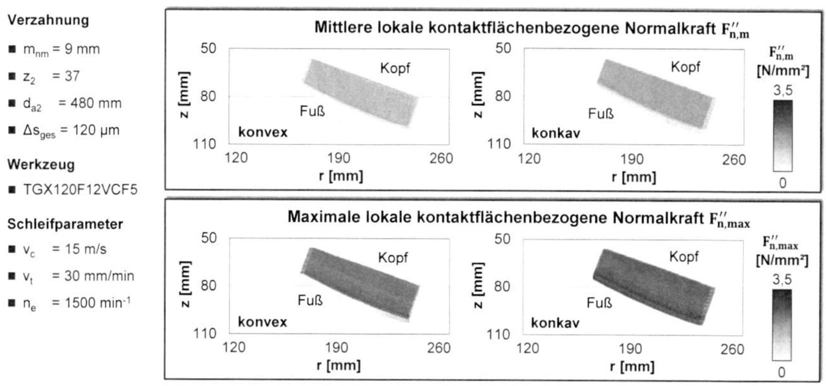

Bild 9-2: Lokale Kraftvorhersage beim Tauchschleifen von Kegelrädern

Local Grinding Force Prediction in Plunge Grinding of Bevel Gears

Die maximale lokale kontaktflächenbezogene Normalkraft $F''_{n,max}$ zeigt eine lokale Überhöhung im unteren Bereich der Flanke im Übergang zum Zahnfuß. Dies ist mit der erhöhten Spanungsdicke im Bereich des Schleifscheibenradius zu erklären, vergleiche auch Bild 4-4. Mithilfe des simulationsgestützten Modellierungsansatzes ist somit möglich, lokale Kraftüberhöhungen beim Tauchschleifen von Kegelrädern in Abhängigkeit von den Prozessparametern vorherzusagen. Um zu überprüfen, ob die Schleifkraft mithilfe des Simulationsmodells korrekt vorhersagt werden kann, werden im Folgenden Schleifkraftmessungen mit Simulationsergebnissen gegenübergestellt.

9.2 Modellvalidierung mithilfe von Schleifkraftmessungen

Model Validation by means of Grinding Force Measurements

Zur Validierung der mit dem Simulationsmodell berechneten Normalkraft F_n werden Messungen der Schleifkraft beim einflankigen Tauchschleifen konvexer und konkaver Kegelradflanken herangezogen. Da die Flanken im beidflankigen Prozess abwechselnd bearbeitet werden, wird davon ausgegangen, dass die maximale Normalkraft zwischen den beiden Prozessvarianten ähnlich ist. Beim einflankigen Schleifen ergibt sich lediglich ein größerer Abstand zwischen den Kraftanstiegen.

Die Messung und Auswertung der Schleifkraft erfolgte nach der in Kapitel 8.2 beschriebenen Vorgehensweise. Zur Untersuchung des Prozessparametereinflusses auf die Schleifkraft wurden in Stichversuchen die Tauchvorschubgeschwindigkeit v_t sowie die Schnittgeschwindigkeit v_c variiert. In **Bild 9-3** sind der gemessene und der mit dem Simulationsmodell berechnete Normalkraftverlauf für verschiedene Prozessparameter gegenübergestellt.

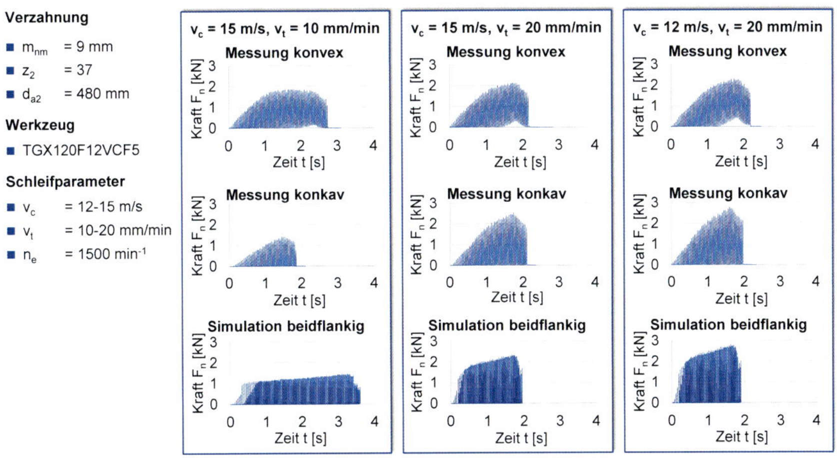

Bild 9-3: Validierung mithilfe von Kraftmessungen beim Tauchschleifen von Kegelrädern

Validation by means of Force Measurements in Plunge Grinding of Bevel Gears

In der Gegenüberstellung ist zu sehen, dass das Schleifkraftniveau bei der Messung und der Berechnung eine gute Übereinstimmung aufweist. Für die niedrige Tauchvorschubgeschwindigkeit v_t = 10 mm/min weichen die Prozesszeiten voneinander ab. Dies ist insbesondere auf der konkaven Flanke wahrscheinlich durch Positionierungenauigkeiten im Versuch verursacht. Der unterschiedliche Anstieg zwischen Messung und Simulation ist vermutlich durch die etwas veränderten Kontaktbedingungen beim einflankigen Schleifen sowie die durch die Kraftmessplattform beeinflusste Nachgiebigkeit bedingt. Aus diesem Grund werden im Folgenden zusätzlich Messungen der Spindelleistung im beidflankigen Tauchschleifprozess zur Validierung herangezogen.

9.3 Modellvalidierung mithilfe von Spindelleistungsmessungen

Model Validation by means of Spindle Power Measurements

Zur Untersuchung des Prozessparametereinflusses und zur Validierung des Schleifkraftmodells beim beidflankigen Tauchschleifen von Kegelrädern wurden Versuche mit unterschiedlicher Schnittgeschwindigkeit v_c und Tauchvorschubgeschwindigkeit v_t unter Messung der Spindelleistung durchgeführt. Dabei wurde ein erhöhtes Gesamtaufmaß von Δs_{ges} = 190 µm zerspant, um einen stationären Prozess zu ermöglichen. In **Bild 9-4** ist der Verlauf der gemessenen Spindelleistung jeweils über zehn Zahnlücken gemittelt dargestellt. Für unterschiedliche Schnittgeschwindigkeiten ergeben sich nahezu identische Spindelleistungsverläufe. Ein Anstieg der Vorschubgeschwindigkeit führt zu einer Verkürzung der Prozesszeit sowie einer Zunahme der Spindelleistung. Diese Ergebnisse stimmen mit den Ergebnissen aus dem Analogieversuch überein.

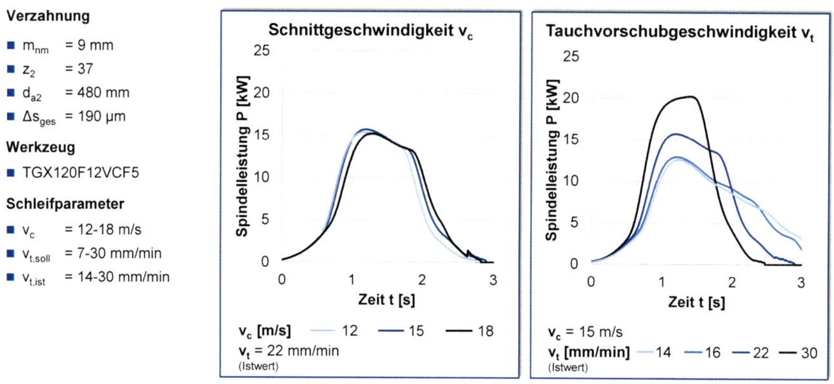

Bild 9-4: Einfluss der Parameter auf die Leistung beim Tauchschleifen von Kegelrädenr
Influence of the Parameters on the Power in Plunge Grinding of Bevel Gears

Für alle Parameter erfolgt ein langsamer Anstieg der Spindelleistung gefolgt von einem schnelleren Anstieg. Basierend auf den zuvor durchgeführten Untersuchungen ist davon auszugehen, dass der erste Anstieg durch den Ölwiderstand verursacht ist und erst in der zweiten Phase Zerspanung stattfindet. Nach der zweiten Phase des Anstiegs tritt für die meisten Parametervarianten ein Maximalwert gefolgt von einer langsamen Leistungsabnahme auf. Es ist davon auszugehen, dass die instationären Nachgiebigkeitseffekte beim Erreichen des Maximalwerts überwunden wurden. Die erste langsame Abnahme der Leistung wird darauf zurückgeführt, dass Schleifkörner ab- und ausbrechen und dadurch die Schleifkraft abnimmt. Um den Ausbruch zu kompensieren, wird die Schleifscheibe bei der Bearbeitung der folgenden Lücken sukzessiv tiefer zugestellt. Nur für die Tauchvorschubgeschwindigkeit v_t = 30 mm/min ist die Spindelleistung etwa konstant, was auf die kurze Prozesszeit und den hohen Kontaktdruck zurückgeführt wird, durch den weitere Körner in den Eingriff gelangen.

Die Spindelleistungsverläufe der beiden Versuche mit niedriger Tauchvorschubgeschwindigkeit v_t sind trotz unterschiedlicher eingestellter Sollwerte sehr ähnlich. Dies ist darauf zurückzuführen, dass die Schleifscheibe im Eilgang sehr nah an die Zahnflanken angenähert wurde, sodass die Tauchvorschubbewegung bis zur Zerspanung nicht ausreichend gebremst werden konnte, vergleiche Bild IV-4. Aus diesem Grund wurde nur für den Versuch mit der höchsten Tauchvorschubgeschwindigkeit der eingestellte Wert $v_{t,ist} \approx 30$ mm/min erreicht. Für die drei anderen Versuchspunkte wurden mithilfe der Positionsüberwachung aus der Steuerung effektive Tauchvorschubgeschwindigkeiten von etwa $v_{t,ist} \approx 14$ mm/min, $v_{t,ist} \approx 16$ mm/min und $v_{t,ist} \approx 22$ mm/min anstatt $v_{t,soll} = 7$ mm/min $v_{t,soll} = 10$ mm/min und $v_{t,soll} = 20$ mm/min festgestellt.

Neben der Ermittlung der realen Tauchvorschubgeschwindigkeit wurde die Positionsüberwachung herangezogen, um den Anstieg der Ölreibung zu Beginn des Prozesses zu untersuchen. Dadurch konnte festgestellt werden, dass sich bei höherer Schnittgeschwindigkeit eine höhere Ölwiderstandsleistung $P_{öl}$ einstellt. Dies entspricht der Erwartung aus dem Stand der Technik [OERT15]. Die Schnittleistung P_c wurde für alle Parameter bestimmt, indem die Ölwiderstandsleistung $P_{öl}$ und die Leerlaufleistung P_l von der Gesamtleistung abgezogen wurden, vergleiche Formel (8-4).

Für die zuvor vorgestellten Kombinationen aus Schnittgeschwindigkeit v_c und Tauchvorschubgeschwindigkeit v_t wurden mithilfe des Schleifkraftmodells der Anstieg und das stationäre Niveau der Normalkraft berechnet, siehe **Bild 9-5**. Zur Validierung wurde mithilfe der in Kapitel 8.5.1 vorgestellten Vorgehensweise die mittlere Normalkraft $F_{n,m}$ für eine Zahnflanke aus der gemessenen Schnittleistung P_c berechnet. Die mit dem Vorhersagemodell sowie der Messung bestimmten mittleren Normalkräfte $F_{n,m}$ sind für die verschiedenen Prozessparameter in Bild 9-5 gegenübergestellt.

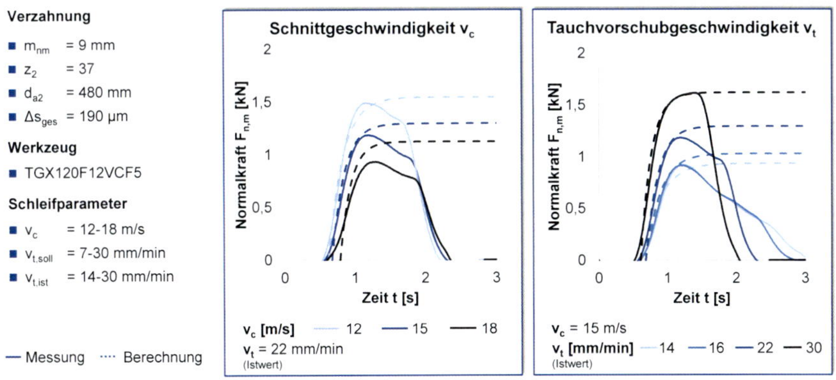

Bild 9-5: Vorhersage der Schleifkraft beim Tauchschleifen von Kegelrädern
Prediction of the Grinding Force in Plunge Grinding of Bevel Gears

Wie im Analogieversuch führen eine abnehmende Schnittgeschwindigkeit v_c sowie eine zunehmende Tauchvorschubgeschwindigkeit v_t zu einer zunehmenden Normalkraft. Das Schleifkraftmodell für das Tauchschleifen von Kegelrädern kann sowohl den Anstieg als auch die maximale Normalkraft für verschiedene Tauchvorschubgeschwindigkeiten v_t mit guter Übereinstimmung vorhersagen. Für den Versuchspunkt mit der Schnittgeschwindigkeit von v_c = 12 m/s wird ein etwas zu langsamer Kraftanstieg vorhergesagt und für den Versuchspunkt mit der Schnittgeschwindigkeit von v_c = 18 m/s ein zu schneller Anstieg. Dies widerspricht der Erwartung, da im Analogieversuch eine schnellere Zunahme der Normalkraft mit höherer Schnittgeschwindigkeit festgestellt wurde, welche auch in der Zeitkonstante τ berücksichtigt wird.

Zur Überprüfung, ob der Zusammenhang zwischen Anstieg und Prozessparametern auch beim Tauchschleifen von Kegelrädern gilt, wurde der normierte Anstieg der Normalkraft auf den Maximalwert in Abhängigkeit von den Prozessparametern bestimmt. Das Ergebnis ist in **Bild 9-6** dargestellt. Der gemessene Anstieg der Normalkraft über der Prozesszeit ist unabhängig von den Prozessparametern Schnittgeschwindigkeit v_c und Tauchvorschubgeschwindigkeit v_t. Dies widerspricht sowohl den Ergebnissen aus dem Analogieversuch als auch dem Stand der Technik für konventionelle Schleifprozesse [SALJ74, BOCK87, MALK08].

Verzahnung

- m_{nm} = 9 mm
- z_2 = 37
- d_{a2} = 480 mm
- Δs_{ges} = 190 µm

Werkzeug

- TGX120F12VCF5

Schleifparameter

- v_c = 15-18 m/s
- $v_{t,soll}$ = 7-30 mm/min
- $v_{t,ist}$ = 14-30 mm/min

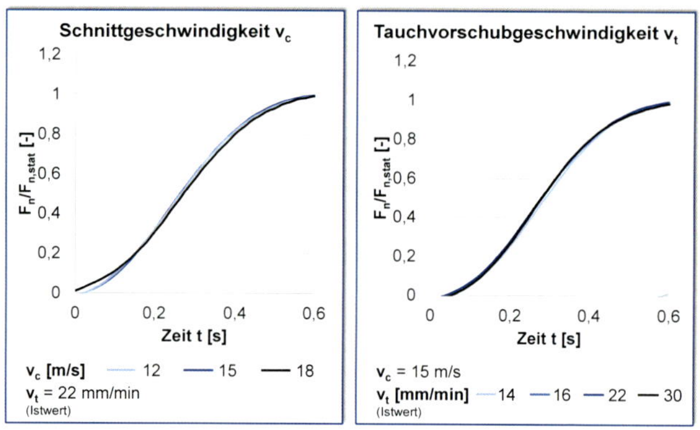

Bild 9-6: Kraftanstieg beim Tauchschleifen von Kegelrädern
Force Increase in Plunge Grinding of Bevel Gears

Die Betrachtung bestärkt die Vermutung, dass der Anstieg sich beim Tauchschleifen von Kegelrädern aufgrund der speziellen Kontaktbedingungen anders verhält als in konventionellen Schleifprozessen. Weil im Analogieversuch der größte Werkstückdurchmesser nicht eingesetzt werden konnte, war eine Abbildung der sehr ähnlichen Krümmungsradien von Werkstück und Schleifscheibe nicht möglich.

Da kein Einfluss der Prozessparameter auf den Anstieg der Normalkraft beim Tauchschleifen von Kegelrädern festgestellt wurde, erscheint es nicht sinnvoll, diesen bei der Berechnung der Zeitkonstante τ zu berücksichtigen. Aus diesem Grund soll die Verwendung einer einheitlichen Zeitkonstante τ für alle Versuchspunkte getestet werden. Diese wird zu τ = 0,19 s gesetzt, da dieser Wert bei der Modellübertragung auf das Tauchschleifen von Kegelrädern in Kapitel 8.5.1 (Schnittgeschwindigkeit v_c = 15 m/s und Tauchvorschubgeschwindigkeit v_t = 30 mm/min) ermittelt wurde. Das Ergebnis der Berechnung mit einheitlicher Zeitkonstante ist in **Bild 9-7** dargestellt. Der Verlauf der Normalkraft für die Versuchspunkte mit unterschiedlicher Schnittgeschwindigkeit kann auf diese vereinfachte Weise sogar besser vorhergesagt werden. Es ist festzuhalten, dass die Zeitkonstante τ zur Vorhersage des Normalkraftanstiegs im betrachteten Tauchschleifprozess nicht die Prozessparameter Schnittgeschwindigkeit v_c und Tauchvorschubgeschwindigkeit v_t berücksichtigen muss. Es ist jedoch wahrscheinlich, dass sich für unterschiedliche Gesamtsystemsteifigkeiten sowie geometrische Kontaktbedingungen veränderte Zeitkonstanten ergeben.

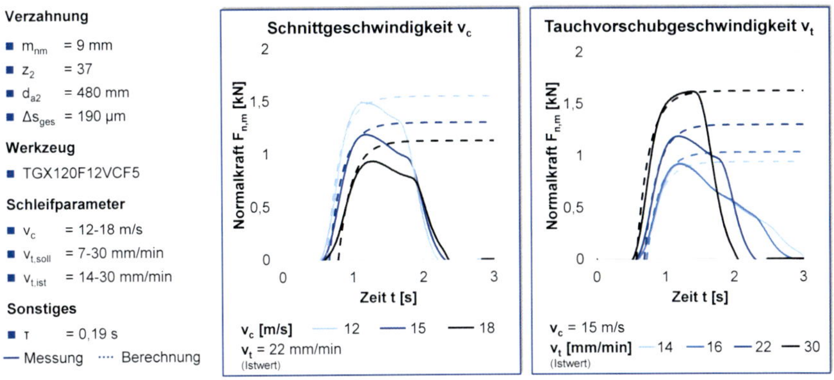

Bild 9-7: Vorhersage der Schleifkraft mit einheitlicher Zeitkonstante

Prediction of the Grinding Force with Uniform Time Constant

Da die maximale Normalkraft mit dem Modell für die niedrige Schnittgeschwindigkeit v_c = 12 m/s etwas unterschätzt und für die hohe Schnittgeschwindigkeit v_c = 18 m/s etwas überschätzt wird, ist denkbar, dass der Exponentialfaktor e_2 in Formel (7-1) für das Tauchschleifen von Kegelrädern angepasst werden müsste. Dies sollte in Zukunft mit einer größeren Datenbasis überprüft werden. Insgesamt ist jedoch ersichtlich, dass mit dem entwickelten Modell sowohl der Anstieg der Normalkraft als auch das stationäre Normalkraftniveau für das Tauchschleifen von Kegelrädern in Abhängigkeit von den Prozessparametern mit hoher Genauigkeit vorhergesagt werden kann.

9.4 Nutzungsmöglichkeiten und Diskussion der Ergebnisse

Utilization Possibilities and Discussion of Results

Im vorangegangenen Kapitel wurde gezeigt, dass das auf Basis des Analogieversuchs ermittelte Modell zur Vorhersage der Normalkraft beim Tauchschleifen von Kegelrädern verwendet werden kann. Somit wurde Formel (8-3) als geeignet für die Normalkraftberechnung beim Tauchschleifen von Kegelrädern ermittelt. Formel (8-3) enthält jedoch Kenngrößen, die beim Tauchschleifen meist nicht bekannt sind bzw. nicht verwendet werden. Daher wurde der Formelzusammenhang so umgeformt, dass nur übliche Kenngrößen enthalten sind, siehe **Formel (9-1)**. Dazu wurde die Zustellung pro Exzenterumdrehung Δs_e nach Formeln (5-1) und (5-2) durch die Tauchvorschubgeschwindigkeit v_t als Einstellgröße ersetzt. Der äquivalente Schleifscheibendurchmesser d_{eq} kann aus dem Flugkreisradius bzw. Spitzenradius der Schleifscheibe R_{fl} und der Exzentrizität e_x berechnet werden. Das Vorzeichen bei der Berechnung unterscheidet sich für die konvexe und die konkave Flanke.

$$F'_{n,m} = C_{wst} \cdot C_s \cdot \left(\frac{v_e}{v_c}\right)^{0,79} \cdot \left(\frac{v_t \cdot \sin(\alpha)}{n_e \cdot l_0}\right)^{0,72} \cdot \left(\frac{2 \cdot R_{fl} \cdot 2 \cdot (R_{fl} \pm 2 \cdot e_x)}{2 \cdot e_x \cdot R_0}\right)^{0,18} \cdot \left(1 - e^{\frac{-t}{\tau}}\right) \tag{9-1}$$

$F'_{n,m}$	[N/mm]	Mittlere bez. Normalkraft	$C_{wst} \cdot C_s$	[N/mm]	Faktor für Werkstück- und Werkzeugeinfluss
v_e	[m/s]	Exzentergeschwindigkeit	v_c	[m/s]	Schnittgeschwindigkeit
v_t	[mm/min]	Tauchvorschub-geschwindigkeit	α	[°]	Winkel zwischen Zahnflanke und Tauchvorschubvektor
n_e	[min^{-1}]	Exzenterdrehzahl	l_0	[mm]	Normlänge (0,001 mm)
R_{fl}	[mm]	Flugkreisradius	e_x	[mm]	Exzentrizität
R_0	[mm]	Normradius (1 mm)	t	[s]	Zeit
τ	[s]	Zeitkonstante			

In dieser Form der Darstellung ist ersichtlich, dass die Exzenterdrehzahl n_e im Nenner auftritt und die Exzentergeschwindigkeit v_e, die wiederum direkt proportional zur Exzenterdrehzahl ist, im Zähler. Beide gehen zudem mit einem ähnlichen Exponenten in die Normalkraft ein. Es ist daher davon auszugehen, dass eine Veränderung der Exzenterdrehzahl nur einen untergeordneten Einfluss auf die Schleifkraft haben wird. Dies entspricht den Untersuchungen nach WEßELS, nach denen kein signifikanter Einfluss der Exzenterdrehzahl n_e auf die Spindelleistung festgestellt wurde [WESS09]. Ein ähnliches Ergebnis konnte ebenfalls durch den Stichversuch im Analogieversuch gezeigt werden, vergleiche Bild 5-11.

Auch wenn der durch Formel (9-1) beschriebene Zusammenhang nun direkt für das Tauchschleifen von Kegelrädern angewendet werden kann, ist die Formel nach wie vor sehr komplex. Da die ersten beiden Exponentialfaktoren ähnlich sind und die Exzentergeschwindigkeit v_e und die Exzenterdrehzahl n_e nach Formel (5-5) ineinander umgerechnet werden können, wird die Formel vereinfachend zusammengefasst. Da zudem die Exzentrizität e_x klein gegenüber dem Flugkreisradius R_{fl} ist, wird auch hier eine Vereinfachung vorgenommen. Auf diese Weise ergibt sich ein deutlich verkürzter Formelzusammenhang, vergleiche **Formel (9-2)**. In dieser verkürzten Formel sind lediglich die Tauchvorschubgeschwindigkeit v_t und die Schnittgeschwindigkeit v_c Prozessstellgrößen. Die übrigen Größen sind nur von der Geometrie, dem Werkstoff, dem Schneidstoff und dem Prozessaufbau abhängig. Daher erscheint sinnvoll, dass im industriellen Umfeld üblicherweise davon ausgegangen wird, dass zur Konstanthaltung der Belastung von Zahnflanke und Werkzeug das Verhältnis aus Tauchvorschubgeschwindigkeit v_t und Schnittgeschwindigkeit v_c konstant gehalten werden sollte. Dabei ist zu berücksichtigen, dass eine zunehmende Schnittgeschwindigkeit v_c zwar zu einer Verringerung der Schleifkraft führt, allerdings einen vermehrten Wärmeeintrag in die Kontaktzone zur Folge haben kann.

$$F'_{n,m} \approx K \cdot \left(\frac{2 \cdot \pi \cdot e_x \cdot v_t \cdot \sin(\alpha)}{v_c \cdot l_0}\right)^{0,75} \cdot \left(\frac{2 \cdot R_{fl}^2}{e_x \cdot R_0}\right)^{0,18} \cdot \left(1 - e^{\frac{-t}{\tau}}\right) \propto \left(\frac{v_t}{v_c}\right)^{0,75} \quad (9\text{-}2)$$

$F'_{n,m}$	[N/mm]	Mittlere bezogene Schleifnormalkraft	K	[N/mm]	Konstante
v_t	[mm/min]	Tauchvorschub-geschwindigkeit	v_c	[m/s]	Schnittgeschwindigkeit
l_0	[mm]	Normlänge (0,001 mm)	R_{fl}	[mm]	Flugkreisradius
R_0	[mm]	Normradius (1 mm)	e_x	[mm]	Exzentrizität
t	[s]	Zeit	τ	[s]	Zeitkonstante

Um eine quantitative Aussage für andere Prozesse als den Referenz-Tauchschleifprozess zu ermöglichen, ist voraussichtlich zunächst die Parametrierung des aktuell vorliegenden Modells für die jeweilige Kombination aus Schleifmaschine, Schleifscheibe und Spannvorrichtung notwendig. Diese kann durch die steuerungsinterne Messung der Spindelleistung bei der Bearbeitung einer Verzahnung mit einer Prozessparameterkombination erfolgen. Da unter konstanten Bedingungen auch ein konstanter Anstieg der Spindelleistung bzw. der Normalkraft festgestellt wurde, ist basierend auf den Daten eines Versuchspunkts eine Vorhersage möglich, wie sich eine Veränderung der Prozessparameter auf die Normalkraft auswirken wird.

In Zukunft sollte überprüft werden, ob die ermittelten Zusammenhänge auch für andere Kegelradgeometrien und Kegelradschleifmaschinen zutreffen oder ob Modellanpassungen notwendig sind. Zudem sollte genauer untersucht werden, welche Faktoren sich auf den Schleifkraftanstieg auswirken. Die Entwicklung eines angepassten Modells, mit dem die Schleifkraft ausschließlich aus den effektiven Spanungskenngrößen berechnet wird, kann möglich sein, wenn die Prozess-Maschine Interaktion sowie die im Prozess auftretenden nachgiebigkeitsbedingten Verformungen in der Kontaktzone in das numerische Simulationsmodell des Kegelradschleifprozesses integriert werden.

Mit dem Modell zur Vorhersage der Schleifkraft ist in Zukunft die Unterstützung der Prozessauslegung möglich. Auf diese Weise kann lokal und zeitlich aufgelöst vorhergesagt werden, wie stark unterschiedliche Bereiche der Zahnflanke und der Schleifscheibe belastet werden. Aufbauend auf dem Kraftmodell können zudem Energie- und Verschleißmodelle entwickelt werden. Auf diese Weise ist das Modell zur Schleifkraftvorhersage eine Grundlage, um produktive Tauchschleifprozesse für Kegelräder schleifbrandfrei auszulegen und Abrichtzyklen zu optimieren.

9.5 Fazit

Conclusion

Im abgeschlossenen Kapitel wurde das entwickelte Schleifkraftmodell zur Vorhersage des Normalkraftverlaufs sowie der lokalen bezogenen Normalkraft beim Tauchschleifen von Kegelrädern verwendet. Anschließend wurden Schleifkraft- und Spindelleistungsmessungen herangezogen, um die vorhergesagte Normalkraft zu validieren. Anhand der Messungen wurde zudem der Einfluss der Prozessparameter auf die Normalkraft und die Spindelleistung in einem für Nutzfahrzeugkegelräder üblichen Bereich untersucht. Wie bereits im Analogieversuch führten eine Abnahme der Schnittgeschwindigkeit sowie eine Zunahme der Zustellung pro Exzenterumdrehung bzw. der Tauchvorschubgeschwindigkeit zu einer Zunahme der Normalkraft.

Mithilfe des zuvor entwickelten Modells konnten der Anstieg sowie das maximale Niveau der Normalkraft mit guter Übereinstimmung vorhergesagt werden. Es wurde jedoch festgestellt, dass der Anstieg der Normalkraft beim Tauchschleifen von Kegelrädern im Gegensatz zum Analogieversuch nicht signifikant durch die Prozessparameter beeinflusst wurde. Innerhalb eines Versuchsaufbaus konnte mit einer einheitlichen Zeitkonstante τ gute Übereinstimmung zwischen dem berechneten und dem gemessenen Anstieg der Normalkraft festgestellt werden. Dieser Unterschied kann damit zusammenhängen, dass die Kontaktbedingungen beim Tauchschleifen von Kegelrädern durch den Analogieversuch nur angenähert werden konnten.

Insgesamt wurde mit dem im Analogieversuch entwickelten und auf das Tauchschleifen von Kegelrädern übertragenen Modell das Ziel dieser Arbeit erreicht, ein Modell zur Vorhersage der Schleifkraft beim Tauchschleifen von Kegelrädern zu entwickeln, welches die Spanungskenngrößen und die Nachgiebigkeit berücksichtigt. Eine Schleifkraftmodellierung ausschließlich basierend auf den nachgiebigkeitsbedingten effektiven Spanungskenngrößen war jedoch bislang nicht möglich. Aus diesem Grund konnte die zuvor formulierte Forschungshypothese für das Tauchschleifen von Kegelrädern nur teilweise verifiziert werden.

Zuletzt wurde ein vereinfachter formelmäßiger Zusammenhang für die bezogene Normalkraft beim Tauchschleifen von Kegelrädern abgeleitet. Mit diesem ist eine einfache Abschätzung der Normalkraft möglich. Um mit der vorliegenden Version des Modells eine quantitative Aussage für verschiedene Kombinationen aus Verzahnungsgeometrie, Schleifmaschine, Schleifscheibe und Spannvorrichtung zu ermöglichen, ist voraussichtlich die Parametrisierung des Modells notwendig. Diese kann durch die steuerungsinterne Messung der Spindelleistung bei der Bearbeitung einer Verzahnung mit einer Prozessparameterkombination erfolgen. Da unter konstanten Bedingungen auch ein konstanter Anstieg der Spindelleistung bzw. der Normalkraft festgestellt wurde, ist basierend auf den Daten eines Versuchspunkts eine Vorhersage möglich, wie sich eine Veränderung der Prozessparameter auf die Normalkraft auswirken wird.

10 Zusammenfassung und Ausblick

German Summary and Outlook

Eine wissensbasierte Auslegung von Schleifprozessen kann mithilfe der Schleifkraft erfolgen, da die Schleifkraft eine direkte Korrelation mit der mechanischen und thermischen Belastung von Werkstück und Werkzeug aufweist [TÖNS92]. Da bislang kein Kraftmodell für das Kegelradschleifen existierte, war das *Ziel der vorliegenden Arbeit* die Entwicklung eines Modells zur Vorhersage der Schleifkraft beim Kegelradschleifen. Dazu wurde im Rahmen dieser Arbeit ein numerisches Simulationsmodell entwickelt, welches die Prozesskinematik des Tauchschleifens und des Wälzschleifens von Kegelrädern abbildet. Dieses Simulationsmodell kann verwendet werden, um die charakteristischen Spanungskenngrößen beim Kegelradschleifen lokal und zeitlich aufgelöst vorherzusagen. Die Genauigkeit des Simulationsmodells wurde verifiziert, indem die simulierte geschliffene Kegelradgeometrie mit der idealen Geometrie verglichen wurde. Dabei wurden Abweichungen von $\Delta < 0{,}2$ µm festgestellt.

Anschließend wurden den berechneten Zeitspanungsvolumina beim Tauchschleifen und Wälzschleifen Messergebnisse gegenübergestellt. Bei der Gegenüberstellung wurde festgestellt, dass beim Tauchschleifen ein kontinuierlicher Anstieg der Spindelleistung und somit auch der Schleifkraft im Prozess erfolgt, während das theoretische Zeitspanungsvolumen nach einem anfänglichen Anstieg nahezu konstant bleibt. Diese Diskrepanz wurde darauf zurückgeführt, dass sich aufgrund von Nachgiebigkeitseinflüssen kein stationärer Zustand einstellen kann. Beim Wälzschleifen wurde eine gute Übereinstimmung zwischen Spindelleistung und Zeitspanungsvolumen gezeigt. Aufgrund der durch die festgestellte Diskrepanz zwischen Schleifkraft und Spanungskenngrößen erschwerten Modellierung beim Tauchschleifen von Kegelrädern wurde der Fokus in dieser Arbeit auf diese Prozessvariante gelegt.

Beim Tauchschleifen von Kegelrädern ist die Untersuchung der einzelnen Einflussfaktoren auf die Schleifkraftkomponenten erschwert. Daher wurde ein Analogieversuch abgeleitet, der die Kontaktbedingungen und den Prozessparametereinfluss beim Tauchschleifen abbildet und gleichzeitig die Bestimmung des lokalen und zeitlichen Verlaufs der einzelnen Schleifkraftkomponenten ermöglicht. Mithilfe des Analogieversuchs wurde ermittelt, wie sich die Prozessparameter Tauchvorschubgeschwindigkeit v_t beziehungsweise Zustellung pro Exzenterumdrehung Δs_e und bezogenes Zeitspanungsvolumen Q'_w sowie Schnittgeschwindigkeit v_c auf den Anstieg der Schleifkraft und das sich einstellende stationäre Kraftniveau auswirken. Zur Berücksichtigung der Nachgiebigkeit wurde zudem mithilfe von Abdrängungsmessungen die Gesamtsystemsteifigkeit im Analogieversuch bestimmt.

Basierend auf den Kraftmessungen sowie der ermittelten Steifigkeit sollte ein Modell für die Schleifkraft im Analogieversuch zum Tauchschleifen von Kegelrädern entwickelt werden. Dabei wurde festgestellt, dass das stationäre Normalkraftniveau im Analogieversuch mit hoher Genauigkeit mit dem Basismodell der Schleifkraft vorhergesagt werden kann, welches unter anderem auf dem Kraftmodell nach WERNER basiert [WERN71, TÖNS92]. Es war jedoch nicht möglich, den Anstieg der Schleifkraft allein auf die nachgiebigkeitsbedingten effektiv auftretenden geometrischen Spanungskenngrößen zurückzuführen. Der Anstieg der Normalkraft wurde stattdessen durch einen regelungstechnischen Verzögerungsansatz nach SALJÉ mit einer Zeitkonstante abgebildet [SALJ74]. Auf diese Weise konnte der Verlauf der Schleifkraft im Analogieversuch zum Tauchschleifen von Kegelrädern in Abhängigkeit von den Prozessparametern vorhergesagt werden.

Für die Übertragung der Erkenntnisse des Analogieversuchs wurde der Prozess des Tauchschleifens von Kegelrädern genauer untersucht. Dabei wurden der charakteristische Verlauf der Normalkraft sowie der Spindelleistung und die Gesamtsystemsteifigkeit bestimmt. Im letzten Teil der Untersuchungen wurde das entwickelte Schleifkraftmodell auf das Tauchschleifen von Kegelrädern übertragen. Dazu wurde das Schleifkraftmodell aus dem Analogieversuch mithilfe einer Messung an das Tauchschleifen angepasst. Dieses angepasste Kraftmodell wurde anschließend ebenfalls in das numerische Simulationsmodell des Kegelradschleifprozesses integriert, um eine lokale und zeitlich aufgelöste Kraftvorhersage zu ermöglichen.

Anschließend wurde mithilfe von Messergebnissen überprüft, ob mit dem Modell die Schleifkraft auch für verschiedene Prozessparameter im für Nutzfahrzeugkegelräder üblichen Bereich vorhergesagt werden kann. Dabei wurde gezeigt, dass das entwickelte Modell den Anstieg sowie das stationäre Niveau der Schleifkraft beim Tauchschleifen von Kegelrädern mit unterschiedlichen Prozessparametern mit guter Genauigkeit vorhersagen kann. Das *Ziel dieser Arbeit,* ein Modell zur Vorhersage der Schleifkraft beim Tauchschleifen von Kegelrädern zu entwickeln, konnte somit erreicht werden.

In Zukunft sollte genauer untersucht werden, wodurch der Schleifkraftanstieg verursacht und beeinflusst wird. Diese Einflussfaktoren sollten in das Modell zur Vorhersage der Schleifkraft beim Tauchschleifen von Kegelrädern integriert werden. Anschließend sollte überprüft werden, inwiefern die entwickelten Modellansätze auch für andere Anwendungsfälle anwendbar sind. Mithilfe empirischer Untersuchungen können anschließend die Zusammenhänge zwischen der Schleifkraft und den resultierenden Verzahnungseigenschaften ermittelt werden, um eine Verwendung des Kraftmodells bei der Prozessauslegung zu ermöglichen. In Zukunft können auf Basis des entwickelten Kraftmodells zudem weitere wichtige Prozessgrößen wie der Energieeintrag in die Randzone oder der Schleifscheibenverschleiß modelliert werden. Werden diese Modelle ebenfalls in das numerische Simulationsmodell integriert, kann in Zukunft eine lokale Vorhersage von Schleifbrand oder Schleifscheibenprofilverlust ermöglicht werden. Zudem können die grundlegenden physikalischen Prozessmodelle in Kombination mit einer Echtzeit-Prozessüberwachung in Zukunft eine vernetzte adaptive Produktion von Leistungsverzahnungen ermöglichen, wie sie derzeit im Exzellenzcluster „Internet of Production“ angestrebt wird.

Summary and Outlook

A knowledge-based design of grinding processes can be done with the help of the grinding force, since the grinding force has a direct correlation with the mechanical and thermal load on workpiece and tool [TÖNS92]. Because so far no force model for bevel gear grinding existed *the objective of the present work* was to develop a model for the prediction of the grinding force in bevel gear grinding. For this purpose, within the scope of this work, a numerical process model was developed which represents the process kinematics and contact conditions of plunge grinding and generating grinding of bevel gears. This process model can be used to predict the characteristic chip parameters in bevel gear grinding with local and temporal resolution. The accuracy of the process model was verified by comparing the simulated ground bevel gear geometry with the ideal geometry. Deviations of $\Delta < 0.2$ µm were found.

Subsequently, the calculated material removal rates for plunge grinding and generating grinding were compared with measurement results. In the comparison, it was found that in plunge grinding there is a continuous increase in spindle power and thus also in grinding force in the process, while the theoretical material removal rate remains almost constant after an initial increase. This discrepancy was attributed to the fact that no steady state can be established due to system elasticity. In generating grinding, good agreement was shown between spindle power and material removal rate. As the discrepancy found for plunge grinding of bevel gears complicated modeling, the focus of the present research work was placed on this process variant.

For plunge grinding of bevel gears, it is difficult to investigate the individual factors influencing the grinding force components. For this reason, an analogy trial was derived that reproduces the contact conditions and the process parameter influence in plunge grinding and makes it possible to determine the local and temporal course of the individual grinding force components. The analogy trial was used to determine how the process parameters plunge feed rate v_t, infeed per eccenter revolution Δs_e and specific material removal rate Q'_w as well as cutting speed v_c affect the increase in the grinding force and the steady-state force level. In order to take the elasticity into account, the total system stiffness was also determined in the analogy trial with the aid of displacement measurements.

Based on the force measurements and the determined stiffness, a model for the grinding force in the analogy trial for plunge grinding of bevel gears was to be developed. It was found that the steady-state normal force level in the analogy trial can be predicted with high accuracy using the basic model of the grinding force, which is based, among others, on the force model according to WERNER [WERN71, TÖNS92]. However, it was not possible to attribute the increase in the grinding force solely to the effectively occurring geometric chip parameters. Instead, the increase of the normal force was modeled with a delay approach with a time constant according to SALJÉ [SALJ74]. In this way, the course of the grinding force in the analogy trial for plunge grinding of bevel gears could be predicted as a function of the process parameters.

To transfer the findings of the analogy trial, the process of plunge grinding of bevel gears was investigated in more detail. The characteristic course of the normal force and the spindle power as well as the total system stiffness were determined. In the last part of the investigations, the developed grinding force model was transferred to plunge grinding of bevel gears. For this purpose, the grinding force model from the analogy trial was adapted to plunge grinding with the aid of a measurement. This adapted force model was then also integrated into the numerical process model of bevel gear grinding to enable a local and time-resolved force prediction.

Subsequently, measurement results were used to verify whether the model can also be used to predict the grinding force for various process parameters in the usual range for commercial vehicle bevel gears. It was shown that the developed model can predict the increase as well as the steady-state level of the grinding force for plunge grinding of bevel gears with different process parameters with good accuracy. *The objective of this work*, to develop a model for predicting the grinding force in plunge grinding of bevel gears, was therefore achieved.

In the future, it should be investigated in more detail what causes and influences the increase in grinding force. These influencing factors should be integrated into the model for predicting the grinding force in plunge grinding of bevel gears. Subsequently, it should be examined to what extent the developed model can also be used for other applications. Empirical investigations can then be used to determine the correlations between the grinding force and the resulting gear properties in order to enable the force model to be applied to support process design. In the future, the developed force model can also be the basis to model other important process variables such as energy input into the gear or grinding wheel wear. If these models are also integrated into the numerical process model, local prediction of grinding burn or grinding wheel profile loss can be made possible in the future. In addition, the basic physical process models in combination with real-time process monitoring can enable networked adaptive production of gears in the future, as is currently being aimed for in the "Internet of Production" cluster of excellence.

III. Literaturverzeichnis

References

[ALLD94] Alldieck, J.: Simulation des dynamischen Schleifprozeßverhaltens. Diss. RWTH Aachen University, 1994

[AURI09] Aurich, J.; Biermann, D.; Blum, H., et al.: Modelling and simulation of process: machine interaction in grinding. In: Prod. Eng. Res. Devel., 3. Jg., 2009, Nr. 1, S. 111–120

[BART19] Barth, S.: Einfluss der Topographie kunstharzgebundener CBN-Schleifscheiben auf das thermo-mechanische Belastungskollektiv beim Schleifen. Diss. RWTH Aachen University, 2019

[BAUS06] Bausch, T.: Innovative Zahnradfertigung. Verfahren, Maschinen und Werkzeuge zur kostengünstigen Herstellung von Stirnrädern mit hoher Qualität. Bd. Nr. 175, 3. Aufl. Renningen: Expert, 2006

[BOCK87] Bock, R.: Schleifkraftmodell für das Außenrund- und Innenrundschleifen. In: Tagungsband zum Jahrbuch Schleifen, Honen, Läppen und Polieren. Essen: Vulkan, 1987

[BOCK94] Bock, R.: Orthogonale Schleifprozesse. Vergleichende Betrachtungen und Prozeßmodellierung. Diss. TU Braunschweig, 1994

[BOUZ02] Bouzakis, K.-D.; Michailidis, N.; Anastopoulos, J., et al.: Geometry and coating parameters effect on cemented carbide sticks cutting performance used in bevel gear manufacturing. In: Surf. Coat. Technol., 153. Jg., 2002, Nr. 153, S. 148–154

[BOUZ81] Bouzakis, K.-D.: Konzept und technologische Grundlagen zur automatisierten Erstellung optimaler Bearbeitungsdaten beim Wälzfräsen. Habil.-Schr. RWTH Aachen University, 1981

[BRAN78] Brandin, H.: Pendelschleifen und Tiefschleifen. Vergleichende Untersuchungen beim Schleifen von Rechteckprofilen. Diss. TU Braunschweig, 1978

[BREC17a] Brecher, C.; Weck, M.: Werkzeugmaschinen Fertigungssysteme 2. Konstruktion, Berechnung und messtechnische Beurteilung. Bd. Nr. 2, 9. Aufl. Berlin: Springer, 2017

[BREC17b] Brecher, C.; Klocke, F.; Löpenhaus, C., et al.: Analysis of abrasive grit cutting for generating gear grinding. In: Procedia CIRP, 62. Jg., 2017, S. 299–304

[BREC17c] Brecher, C.; Klocke, F.; Kiesewetter, C., et al.: Simulation des Maschinenverhaltens einer Verzahnungshonmaschine in MATLAB. Eine Methodik zur Umsetzung. In: ZWF, 112. Jg., 2017, Nr. 11, S. 1–5

[BRIN06] Brinksmeier, E.; Aurich, J.; Govekar, E., et al.: Advances in Modeling and Simulation of Grinding Processes. In: CIRP Ann., 55. Jg., 2006, Nr. 2, S. 667–696

[BRIN14] Brinksmeier, E.; Klocke, F.; Lucca, D., et al.: Process Signatures – A New Approach to Solve the Inverse Surface Integrity Problem in Machining Processes. In: Procedia CIRP, 13. Jg., 2014, Nr. 2, S. 429–434

[BRIN91] Brinksmeier, E.: Prozess- und Werkstückqualität in der Feinbearbeitung. Habil.-Schr. Universität Hannover, 1991

[BRIN98] Brinksmeier, E.; Tönshoff, H.; Czenkusch, C.: Modelling and optimization of grinding processes. In: J. Intell. Manuf., 9. Jg., 1998, Nr. 4, S. 303–314

[BRÜC62] Brückner, K.: Der Schleifvorgang und seine Bewertung durch die auftretenden Schnittkräfte. Diss. RWTH Aachen University, 1962

[DENK11] Denkena, B.; Tönshoff, H.: Spanen. Grundlagen. Wiesbaden: Springer, 2011

[DIET17] Dietz, C.: Numerische Simulation des kontinuierlichen Wälzschleifprozesses unter Berücksichtigung des dynamischen Verhaltens des Systems Maschine - Werkzeug - Werkstück. Diss. ETH Zürich, 2017

[DIN82] Norm DIN 4760 (Juni 1982) Gestaltabweichungen. Begriffe, Ordnungssystem.

[DINV90] Norm Vornorm DIN V 8602 (Mai 1990) Verhalten von Werkzeugmaschinen unter statischer und thermischer Beanspruchung.

[DOWS77] Dowson, D.; Higginson, G.: Elasto-hydrodynamic lubrication. Bd. Nr. 23, 2. Aufl. Oxford: Pergamon Press, 1977

[DUDL91] Dudley, D.: Gear Handbook. The Design, Manufacture and Application of Gears. 1. Aufl. New York: McGraw-Hill, 1991

[FELT08] Felten, K.: Verzahntechnik. 2. Aufl. Renningen: Expert, 2008

[FÖLL85] Föllinger, H.: Dynamische Vorgänge beim Außenrundeinstechschleifen. Diss. RWTH Aachen University, 1985

[GORG11] Gorgels, C.: Entstehung und Vermeidung von Schleifbrand beim diskontinuierlichen Zahnflankenprofilschleifen. Diss. RWTH Aachen University, 2011

[GRIN06] Grinko, S.: Thermo-mechanisches Schädigungsmodell für das (Zahnflanken-) Profilschleifen. Diss. TU Magdeburg, 2006

[GRÜN68] Grünberger, C.: Über die Feinbearbeitung von Kegelradgetrieben durch Einlaufläppen. Diss. RWTH Aachen University, 1968

[GUTM88] Gutmann, P.: Zerspankraftberechnung beim Wälzfräsen. Diss. RWTH Aachen University, 1988

[HAHN66] Hahn, R.: On the Mechanics of the Grinding Process Under Plunge Cut Conditions. In: J. Eng. Ind., 88. Jg., 1966, Nr. 1, S. 72–79

[HARD13] Hardjosuwito, A.: Vorhersage des lokalen Werkzeugstandweges und der Werkstückstandmenge beim Kegelradfräsen. Diss. RWTH Aachen University, 2013

[HEIN09] Heinzel, C.: Zum Stand der Modellbildung und Simulation sowie unterstützender experimenteller Methoden. Habil. Universität Bremen, 2009

[HEIS14] Heisel, U.; Klocke, F.; Uhlmann, E., et al.: Handbuch Spanen. Handbuch der Fertigungstechnik. München: Hanser, 2014

[HERT82] Hertz, H.: Über die Berührung fester elastischer Körper. In: J. reine angew. Math., 1882, Nr. 92, S. 156–171

[HERZ13] Herzhoff, S.: Werkzeugverschleiß bei mehrflankiger Spanbildung. Diss. RWTH Aachen University, 2013

[HÜBN15] Hübner, F.; Klocke, F.; Brecher, C., et al.: Development of a Cutting Force Model for Generating Gear Grinding. In: Proceedings of the International Design Engineering Technical Conferences and Computers and Information in Engineering Conference. Boston, Massachusetts, 02.-05. August, 2015

[ISO06] Norm ISO 6336 Teil 1 (September 2006) Calculation of load capacity of spur and helical gears. Basic principles, introduction and general influence factors.

[JANK91] Jankowski, R.: Mathematische Modellierung des Umfangsschleifens auf Basis der Spanungsgrößen an der Einzelschneide. Diss. Hochschule Wismar, 1991

[JANK96] Schutzrecht DE196 24 842 C2 (21.06.1996) Jankowski, R.: Verfahren zum flexiblen Profilieren von Schleifschnecken, ein Profilierwerkzeug und eine Vorrichtung zur Durchführung des Verfahrens.

[JAWA11] Jawahir, I.; Brinksmeier, E.; M´Saoubi, R., et al.: Surface integrity in material removal processes: Recent advances. In: CIRP Ann. - Manuf. Technol., 60. Jg., 2011, S. 603–626

[JERM18] Jermolajev, S.; Brinksmeier, E.; Heinzel, C.: Surface layer modification charts for gear grinding. In: CIRP Ann. - Manuf. Technol., 67. Jg., 2018, Nr. 1, S. 333–336

[KAMP17] Kampka, M.: Lokal aufgelöste Zerspankraft beim Verzahnungshonen. Diss. RWTH Aachen, 2017

[KARP08] Karpuschewski, B.; Knoche, H.-J.; Hipke, M.: Gear finishing by abrasive processes. In: CIRP Ann., 57. Jg., 2008, Nr. 2, S. 621–640

[KARP11] Karpuschewski, B.; Bleicher, O.; Beutner, M.: Surface Integrity Inspection on Gears Using Barkhausen Noise Analysis. In: Procedia Eng., 19. Jg., 2011, S. 162–171

[KASS69] Kassen, G.: Beschreibung der elementaren Kinematik des Schleifvorganges. Diss. RWTH Aachen University, 1969

[KIEN52] Kienzle, O.: Die Bestimmung von Kräften und Leistungen an spanenden Werkzeugen und Werkzeugmaschinen. In: VDI-Z, 94. Jg., 1952, Nr. 11/12, S. 299–305

[KLEI06] Klein, A.: Spiral Bevel and Hypoid Gear Tooth Cutting with Coated Carbide Tools. Diss. RWTH Aachen University, 2006

[KLIN08] Klingelnberg, J.: Kegelräder. Grundlagen, Anwendungen. Berlin: Springer, 2008

[KLOC17a] Klocke, F.; Brecher, C.: Zahnrad- und Getriebetechnik. Auslegung - Herstellung - Untersuchung - Simulation. 1. Aufl. München: Hanser, 2017

[KLOC17b] Klocke, F.; König, W.: Fertigungsverfahren 2. Schleifen, Honen, Läppen. 5. Aufl. Berlin: Springer, 2017

[KLOC17c] Klocke, F.; Brecher, C.; Löpenhaus, C., et al.: Describing and evaluating deviations for bevel gear flanks. In: Procedia CIRP, 2017, Nr. 62, S. 221–226

[KÖLL00] Köllner, T.: Verzahnungshonen - Verfahrenscharakteristik und Prozessanalyse. Diss. RWTH Aachen University, 2000

[KÖNI85] König, W.; Lung, D.; Föllinger, H.: Die Bedeutung des Elastizitätsmoduls von Schleifscheiben für deren Verhalten im Schleifprozeß, Aachen, 1985

[KUNZ02] Kunz, J.; de Maria, E.: Die Abplattung im Kontaktproblem paralleler Zylinder. In: Forsch. Ingenieurwes., 67. Jg., 2002, S. 146–156

[LAND03] Landvogt, A.: Einfluss der Hartfeinbearbeitung und der Flankentopographieauslegung auf das Lauf- und Geräuschverhalten von Hypoidverzahnungen mit bogenförmiger Flankenlinie. Diss. RWTH Aachen University, 2003

[LIER07] Lierse, T.: Abrichten von Schleifwerkzeugen für die Verzahnungsbearbeitung. In: GET PRO-Kongress, 2007, Nr. 1, S. 432–445

[LINK07] Linke, B.: Wirkmechanismen beim Abrichten keramisch gebundener Schleifscheiben. Diss. RWTH Aachen University, 2007

[LINK10] Linke, H.: Stirnradverzahnung. Berechnung - Werkstoffe - Fertigung. 2. Aufl. München: Hanser, 2010

[LINK16] Linke, B.: Life Cycle and Sustainability of Abrasive Tooling Systems. Habil. University of California, 2016

[LINK17] Linke, B.; Garretson, I.; Torner, F., et al.: Grinding Energy Modeling Based on Friction, Plowing, and Shearing. In: J. Manuf. Sci. Eng., 139. Jg., 2017, Nr. 12, S. 121009-1 - 121009-11

[LIU04] Liu, W.: Einfluss verschiedener Fertigungsverfahren auf die Graufleckentragfähigkeit von Zahnradgetrieben. Diss. TU München, 2004

[LORT75] Lortz, W.: Schleifscheibentopographie und Spanbildungsmechanismus beim Schleifen. Diss. RWTH Aachen University, 1975

[MALK07] Malkin, S.; Guo, C.: Thermal Analysis of Grinding. In: CIRP Ann., 56. Jg., 2007, Nr. 2, S. 760–782

[MALK08] Malkin, S.; Guo, C.: Grinding technology. Theory and application of machining with abrasives. 2. Aufl. New York: Industrial Press, 2008

[MASS52] Masslow, E. N.: Grundlagen der Theorie des Metallschleifens. Berlin: Technik, 1952

[MAZA19] Mazak, J.; Klocke, F.; Bergs, T., et al.: Simulation-Based Process Analysis for Discontinuous Cutting of Generated Bevel Gears. In: Proc. Inst. Mech. Eng. Part C: J. Mech. Eng. Sci., 233. Jg., 2019, Nr. 21-22, S. 7378–7390

[MAZA21] Mazak, J.: Method for Optimizing the Tool and Process Design for Bevel Gear Plunging Processes. Diss. RWTH Aachen University, 2021

[MIKO14] Mikoleizig, G.: Surface Roughness Measurements of Cylindrical Gears and Bevel Gears on Gear Inspection Machines. In: Proceedings of 2014 Fall Technical Meeting. Arlington, 12. - 14. Oktober 2014. Alexandria: American Gear Manufacturers Association, 2014

[OERT15] Oertel, H.; Böhle, M.; Reviol, T.: Strömungsmechanik für Ingenieure und Naturwissenschaftler. 7. Aufl. Wiesbaden: Springer, 2015

[OPHE19] Ophey, M.: Modellierung des Schleifschneckenprofilverschleißes beim kontinuierlichen Wälzschleifen. Diss. RWTH Aachen, 2019

[PAYR13] de Payrebrune Saint Sève, K. M.: Analyse und Modellierung der Prozess-Strukturwechselwirkungen beim Werkzeugschleifen. Diss. Technische Universität Bergakademie Freiberg, 2013

[RASI16] Rasim, M.: Modellierung der Wärmeentstehung im Schleifprozess in Abhängigkeit von der Schleifscheibentopographie. Diss. RWTH Aachen University, 2016

[REIM14] Reimann, J.: Randzonenbeeinflussung beim kontinuierlichen Wälzschleifen von Stirnradverzahnungen. Diss. RWTH Aachen University, 2014

[ROWE14] Rowe, B.: Principles of Modern Grinding Technology. 2. Aufl. Norwich, NY: William Andrew Publishing, 2014

[ROWE93] Rowe, W.; Morgan, M.; Qi, H., et al.: The Effect of Deformation on the Contact Area in Grinding. In: CIRP Ann. - Manuf. Technol., 42. Jg., 1993, Nr. 1, S. 409–412

[RUDO18] Rudolph, F.; Schumann, S.; Schlecht, B.: Untersuchung und Simulation des lokalen Abtrags beim Läppen von Hypoidverzahnungen. In: Tagungsband zur 59. Tribologische Fachtagung. Göttingen, 24.-26.09., 2018

[RUDO19] Rudolph, F.; Schumann, S.; Schlecht, B.: Consideration of solid particles in a gear lapping simulation. In: Forsch. Ingenieurwes., 83. Jg., 2019, S. 801–808

[RÜTJ10] Rütjes, U.: Entwicklung eines Simulationssystems zur Analyse des Kegelradfräsens. Diss. RWTH Aachen University, 2010

[RÜTT00] Rütti, R.: Beitrag zur Prozessmodellierung am Beispiel des Zahnradhonens. Diss. TH Zürich, 2000

[SALJ74] Salje, E.; Rix, O.; Mushardt, H.: Instationäre Vorgänge beim Schleifen. In: Ind. Anz., 96. Jg., 1974, Nr. 65, S. 1468–1470

[SCHA12] Schalaster, R.: Optimierung des Fertigwälzfräsens von Verzahnungen. Diss. RWTH Aachen University, 2012

[SCHE19] Scheffler, F.: Zerspankräfte beim kontinuierlichen Wälzschleifen von Stirnradverzahnungen. Diss. RWTH Aachen University, 2019

[SCHI80] Schiefer, K.-H.: Theoretische und experimentelle Stabilitätsanalyse des Schleifprozesses. Diss. RWTH Aachen University, 1980

[SCHL04] Schlattmeier, H.: Diskontinuierliches Zahnflankenprofilschleifen mit Korund. Diss. RWTH Aachen University, 2004

[SCHR18] Schrank, M.; Löpenhaus, C.; Bergs, T., et al.: Development of a Method to Analyse the Modulus of Elasticity for Gear Grinding Tools. In: Proceedings of the 8th Congress of the German Academic Association for Production Technology (WGP). Aachen, November 19-20, 2018. Cham: Springer International, 2018

[SCHW08] Schwienbacher, S.: Einfluss von Schleifbrand auf die Flankentragfähigkeit einsatzgehärteter Zahnräder. Diss. TU München, 2008

[SEPU80] Sepulveda Quiroga, E.: Spannungen und Verformungen der Schleifscheibe in der Kontaktzone beim Schleifprozeß. Diss. RWTH Aachen, 1980

[SOLF17] Solf, M.; Löpenhaus, C.; Klocke, F.: Contact Conditions in Bevel Gear Grinding. In: Tagungsband zum WGP-Jahreskongress. Aachen, 05.-06.10.2017. Aachen: Apprimus, 2017

[SOLF20] Solf, M.; Brimmers, J.; Bergs, T.: Modeling of Contact Conditions and Local Load in Bevel Gear Grinding. In: Proceedings of the 10th Congress of the German Academic Association for Production Technology (WGP). Dresden, 23.-24.09.2020. Berlin: Springer, 2020, S. 246–255

[SOMM10] Sommer, K.; Heinz, R.; Schöfer, J.: Verschleiß metallischer Werkstoffe. Erscheinungsformen sicher beurteilen. 1. Aufl. Wiesbaden: Vieweg + Teubner, 2010

[STAD05a] Stadtfeld, H.: What To Know About Bevel Gear Grinding. In: Gear Technol., 2005, Nr. 5, S. 46–49

[STAD05b] Stadtfeld, H.: A Split Happened on the Way to Reliable, Higher-Volume Gear Grinding. In: Gear Technol., 2005, Nr. 5, September/October

[STAD08] Stadtfeld, H.: Guidelines for modern bevel gear grinding. In: Gear Technol., 2008, Nr. 6, S. 42–53

[STAD13] Stadtfeld, H.: Gleason Kegelradtechnologie. Ingenieurwissenschaftliche Grundlagen und modernste Herstellungsverfahren für Winkelgetriebe. Renningen: Expert, 2013

[STEF83] Steffens, K.: Thermomechanik des Schleifens. Diss. RWTH Aachen University, 1983

[STIM09] Stimpel, F.: Technologische Kenngrößen für das kontinuierliche Wälzschleifen von Evolventenverzahnungen. Diss. Universität Hannover, 2009

[SULZ73] Sulzer, G.: Leistungssteigerung bei der Zylinderradherstellung durch genaue Erfassung der Zerspankinematik. Diss. RWTH Aachen University, 1973

[TÖNS92] Tönshoff, H.; Peters, J.; Inasaki, I.: Modelling and Simulation of Grinding Processes. In: CIRP Ann. - Manuf. Technol., 41. Jg., 1992, Nr. 2, S. 677–688

[TÜRI02] Türich, A.: Werkzeugprofilgenerierung beim Wälzschleifen. Diss. Universität Hannover, 2002

[TÜRI06] Türich, A.: Abrichtpotenziale genutzt beim Zahnrad-Wälzschleifen. In: Z. Abrichten mit Diam., 2006, Nr. 3, S. 54–57

[VASI12] Vasiliou, V.: Einsatzvorbereitung keramisch gebundener Werkzeuge für das Verzahnungshonen. Diss. RWTH Aachen University, 2012

[WAGN17] Wagner, A.: Feinschleifen von Verzahnungen mit elastischen Schleifscheiben. Diss. Universität Bremen, 2017

[WAGU62] Schutzrecht USA (09.07.1962) Waguri, A.: Grinding Method and Grinding Head for Grinding Tooth Surfaces of Gears with Circular Tooth Trace.

[WANG16] Wang, Y.; Chen, Y.; Zhou, G., et al.: Roughness model for tooth surfaces of spiral bevel gears under grinding. In: Mech. Mach. Theo., 104. Jg., 2016, S. 17–30

[WANG18] Wang, Y.; Zhang, W.; Liu, Y.: Analysis model for surface residual stress distribution of spiral bevel gear by generating grinding. In: Mech. Mach. Theo., 130. Jg., 2018, S. 477–490

[WECK06] Weck, M.; Brecher, C.: Werkzeugmaschinen. Messtechnische Untersuchung und Beurteilung, dynamische Stabilität. Bd. Nr. 5, 7. Aufl. Berlin: Springer, 2006

[WEIS15] Weiß, M.; Klocke, F.; Barth, S., et al.: Detailed Analysis and Description of Grinding Wheel Topographies. In: Proceedings of the International Manufacturing Science and Engineering Conference (MSEC2015). Charlotte, NC, 8.-12.06.2015: ASME, 2015

[WERN71] Werner, G.: Kinematik und Mechanik des Schleifprozesses. Diss. RWTH Aachen University, 1971

[WERN73] Werner, G.: Konzept und technologische Grundlagen zur adaptiven Prozessoptimierung des Aussenrundschleifens. Habil.-Schr. RWTH Aachen University, 1973

[WESS09] Weßels, N.: Flexibles Kegelradschleifen mit Korund in variantenreicher Fertigung. Diss. RWTH Aachen University, 2009

[WINK05] Winkel, O.: Steigerung der Leistungsfähigkeit von Hartmetallwälzfräsern durch eine optimierte Werkzeuggestaltung. Diss. RWTH Aachen University, 2005

[WINK09] Winkelmann, L.; Al Saeed, O.; Bell, M.: The Capacity of Superfinished Vehicle Components to Increase Fuel Economy. Part I. In: Gear Technol., 2009, Nr. 1, S. 50–60

[YAKA04] Yakaria, H.: Geometrische und nicht linear elastische Zahnkontaktanalyse beim Verzahnungshonen. Diss. RWTH Aachen University, 2004

IV. Anhang

Appendix

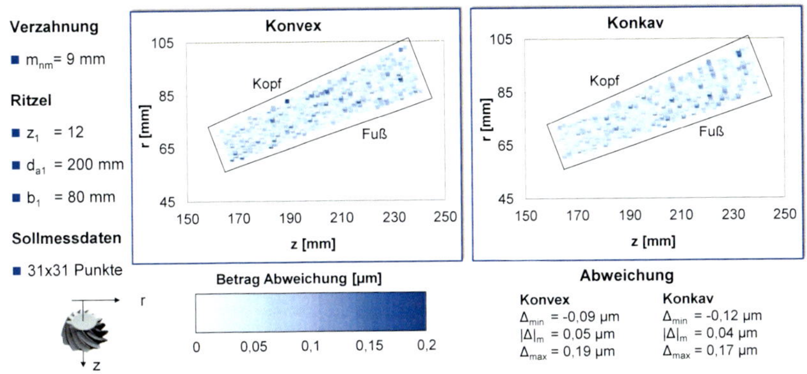

Bild IV-1: Ergebnis der Modellverifizierung für das Wälzschleifen von Kegelrädern
Result of the Model Verification for Generating Grinding of Bevel Gears

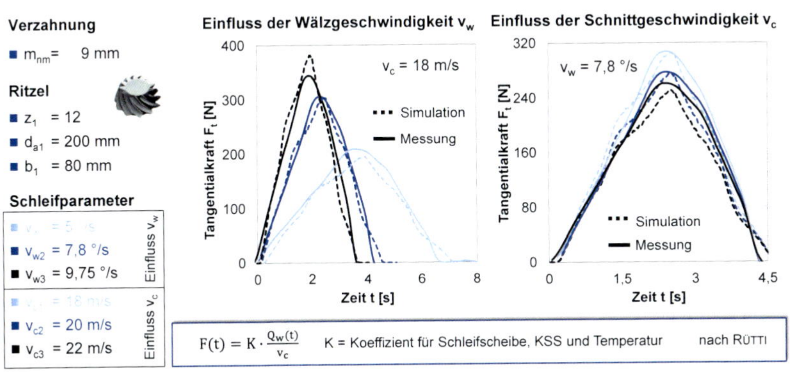

Bild IV-2: Kraftvorhersage beim Wälzschleifen von Kegelrädern nach [RÜTT00]
Force prediction in Generating Grinding of Bevel Gears according to [RÜTT00]

Verzahnung

- m_{nm} = 9 mm
- z_2 = 37
- d_{a2} = 480 mm
- b_2 = 75 mm

Werkzeug

- TGX120F12VCF5

Schleifparameter

- Einflankig konkav
- v_c = 15 m/s
- v_t = 20 mm/min
- n_e = 1500 min^{-1}

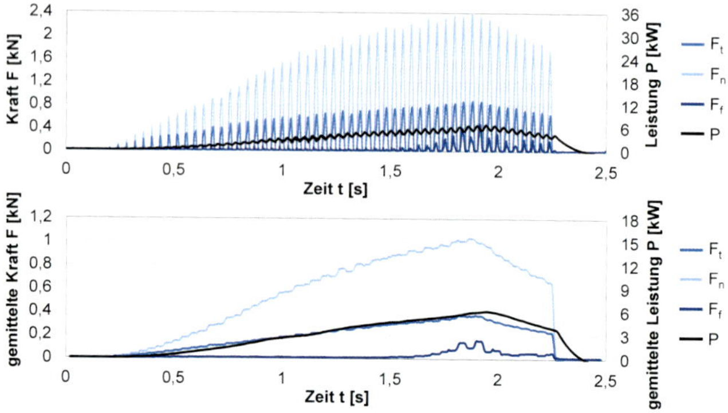

Bild IV-3: Schleifkraft beim Tauchschleifen der konkaven Kegelradflanke
Grinding force in Plunge Grinding of the Concave Bevel Gear Flank

Verzahnung

- m_n = 9 mm
- z_2 = 37
- d_{a2} = 480 mm
- Δs_{ges} = 190 µm

Werkzeug

- TGX120F12VCF5

Schleifparameter

- v_c = 12-18 m/s
- v_t = 7-30 mm/min

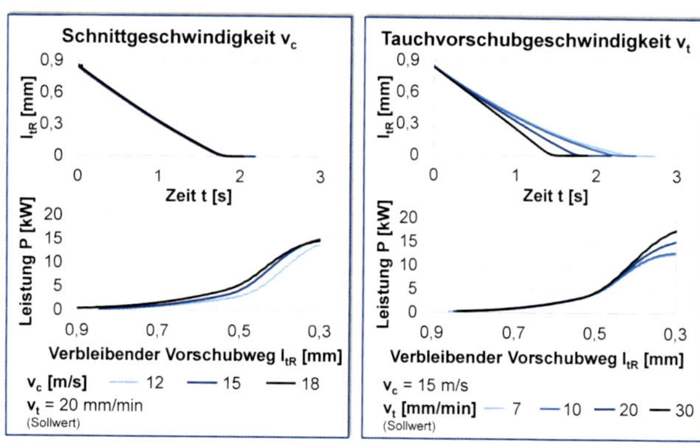

Bild IV-4: Verlauf von Tauchvorschubweg und Spindelleistung beim Kegelradschleifen
Course of Plunge Feed Path and Spindle Power in Bevel Gear Grinding

In der Reihe **Ergebnisse aus der Produktionstechnik** zuletzt erschienen:

Solf, Mareike:
Modellierung der Schleifkraft beim Kegelradschleifen
ISBN: 978-3-98555-106-4
Erscheinungsdatum: 12.08.2022

Elser, Hannes:
Fähigkeit von Bluetooth Low Energy zur signalstärkebasierten Rückverfolgung von Bauteilen in der Einzel- und Kleinserienfertigung
ISBN: 978-3-98555-099-9
Erscheinungsdatum: 12.08.2022

Busch, Max:
Intelligente Produktionsplanungsprozesse im Werkzeugbau
ISBN: 978-3-98555-095-1
Erscheinungsdatum: 14.07.2022

Fölling, Carsten:
Komplexitätsbeherrschung durch hybride Montageplanung
ISBN: 978-3-98555-090-6
Erscheinungsdatum: 30.06.2022

Ays, Johanna:
Kontextbasierte Integration agiler und plangetriebener Entwicklungsprozesse
ISBN: 978-3-98555-087-6
Erscheinungsdatum: 23.06.2022

Schäkel, Martin:
Adaptiver laserunterstützter Tapewickelprozess für die Herstellung von Druckbehältern aus endlosfaserverstärkten Thermoplasten
ISBN: 978-3-98555-107-1
Erscheinungsdatum: 12.08.2022

Henkel, Jérôme
Strategien zur Steigerung der Flächeneffizienz von Fabriken im urbanen Umfeld ISBN
ISBN: 978-3-98555-098-2
Erscheinungsdatum: 27.07.2022

Eßer, Bastian:
Analyse des Betriebsverhaltens von Kugelgewindetrieben unter statischen axialen Betriebslasten
ISBN: 978-3-98555-065-4
Erscheinungsdatum: 11.07.2022

Schulz, Martin:
Optimierung des Temperaturfeldes beim Laserstrahlhärten
ISBN: 978-3-98555-078-4
Erscheinungsdatum: 23.06.2022

Ebade Esfahani, Matthias:
Ontologie der Fabrikplanung mit Hilfe von Building Information Modeling (BIM)
ISBN: 978-3-98555-084-5
Erscheinungsdatum: 07.06.2022

Maslo, Semir:
Simulation of the Dynamic Vibration Behaviour and Spindle Speed Optimization During the Milling Process of Turbomachinery Components
ISBN: 978-3-98555-082-1
Erscheinungsdatum: 25.05.2022

Goertz, David:
Gestaltungsmodell für eine vernetzte adaptive Montage im Werkzeugbau
ISBN 978-3-98555-072-2
Erscheinungsdatum: 05.05.2022

Wollbrink, Moritz:
Methodik zur Integration pulverbettbasierter additiver Fertigungstechnologien in Fertigungsprozessketten
ISBN 978-3-98555-070-8
Erscheinungsdatum: 22.04.2022

Menges, Alexander:
Bewertung von Produktvarianten mittels Process Data Mining
ISBN 978-3-98555-066-1
Erscheinungsdatum: 13.04.2022

Krauß, Jonathan:
Optimizing Hyperparameters for Machine Learning Algorithms in Production
ISBN 978-3-98555-020-3
Erscheinungsdatum: 13.04.2022

Schwenzer, Max:
Closing the Loop of Model Predictive Force Control in Milling with Ensemble Kalman Filtering
ISBN 978-3-98555-057-9
Erscheinungsdatum: 11.04.2022

Schmitz, Seth:
Datenbasierte Beschreibung der Prozessperformance in der Auftragsabwicklung
ISBN: 978-3-98555-079-1
Erscheinungsdatum: 19.05.2022

Scholz, Paul:
Applikation maschinell lernender Systeme in der vernetzten adaptiven Produktion
ISBN 978-3-98555-069-2
Erscheinungsdatum: 28.04.2022

Ochs, Jelena Katherina:
Model-Based Process Prediction for Predictive-Reactive Scheduling in Automated Stem Cell Production
ISBN 978-3-98555-059-3
Erscheinungsdatum: 22.04.2022

Fränken, Bastian:
Standortrollen in Produktionsnetzwerken
ISBN 978-3-98555-052-4
Erscheinungsdatum: 13.04.2022

Schäfer, Alexander:
Werkzeugseitiger Einsatz von NiTi-FGL zur Verbesserung der dynamischen Prozessstabilität bei der Fräsbearbeitung
ISBN 978-3-98555-060-9
Erscheinungsdatum: 11.04.2022

Grünebaum, Timm:
Methodik zur Gestaltung von Technologieketten und Prozessfolgen nach lebensphasenübergreifend ökologisch-ökonomischen Kriterien
ISBN 978-3-98555-043-2
Erscheinungsdatum: 24.03.2022

Edition Wissenschaft
Apprimus